全国高级技工学校电气自动化设备安装与维修专业

模拟电子电路
（第二版）习题册

郭　赟　主编

中国劳动社会保障出版社

简　介

本习题册为全国高级技工学校电气自动化设备安装与维修专业教材《模拟电子电路（第二版）》的配套用书。本习题册按照教材章节顺序编写，内容紧扣教学要求，知识点分布均衡，题型丰富多样，习题难易适中，有助于学生复习巩固所学知识。

本习题册由郭赟任主编，郑宏参与编写。

图书在版编目（CIP）数据

模拟电子电路（第二版）习题册／郭赟主编．--北京：中国劳动社会保障出版社，2023
全国高级技工学校电气自动化设备安装与维修专业
ISBN 978－7－5167－5903－5

Ⅰ.①模…　Ⅱ.①郭…　Ⅲ.①模拟电路-技工学校-习题集　Ⅳ.①TN710－44

中国国家版本馆 CIP 数据核字（2023）第 169736 号

中国劳动社会保障出版社出版发行
（北京市惠新东街 1 号　邮政编码：100029）
*
北京汇林印务有限公司印刷装订　　新华书店经销
787 毫米×1092 毫米　16 开本　5.75 印张　136 千字
2023 年 9 月第 1 版　　2025 年 6 月第 3 次印刷
定价：12.00 元

营销中心电话：400－606－6496
出版社网址：http://www.class.com.cn
http://jg.class.com.cn

目 录

第一章　二极管及其应用

§1-1　认识二极管

一、填空题

1. 常见的二极管封装方式有__________、__________、____________和__________。不同外形的二极管都有两个电极，分别是________和__________。

2. P 型半导体主要靠__________导电，N 型半导体主要靠________导电。

3. PN 结具有______________性，即外加正向电压时，PN 结____________；外加反向电压时，PN 结______________。

4. 二极管是用一个 PN 结制成的半导体器件，它最基本的性质是____________，可用伏安特性来描述，一般硅管的门限电压和正向压降比锗管的要__________，而反向饱和电流比锗管的要__________得多。

5. 二极管的主要特性是____________，硅二极管的门限电压约为______V，锗二极管的门限电压约为________V。

6. 硅二极管导通时的正向管压降约为______ V，锗二极管导通时的正向管压降约为______ V。

二、判断题

1. PN 结正向偏置时电阻小，反向偏置时电阻大。（　　）
2. 二极管反向偏置时，反向电流随反向电压增大而增大。（　　）
3. 二极管是线性元件。（　　）
4. 不论是哪种类型的二极管，其正向电压都为 0.3 V 左右。（　　）
5. 硅二极管的正向压降比锗二极管的正向压降大。（　　）
6. 有两个电极的元件称为二极管。（　　）
7. 二极管外加正向电压一定导通。（　　）
8. 二极管外加反向电压一定截止。（　　）
9. 二极管一旦反向击穿就一定会损坏。（　　）

三、选择题

1. 半导体中传导电流的载流子是（　　）。

A. 电子　　B. 空穴

C. 电子和空穴　　D. 带电离子

2. P 型半导体是（　　）。

A. 纯净半导体　　B. 掺杂半导体

C. 带正电半导体　　　　　　　　　　　　D. 带负电半导体

3. PN 结的主要特性为（　　）。

A. 正向导电特性　　　　　　　　　　　　B. 单向导电性

C. 反向击穿特性　　　　　　　　　　　　D. 可控的单向导电特性

4. 二极管的正向电阻（　　）反向电阻。

A. 远大于　　　　　　　　　　　　　　　B. 远小于

C. 等于　　　　　　　　　　　　　　　　D. 略大于

5. 二极管的导通条件是（　　）。

A. $u_V > 0$　　　　　　　　　　　　　　B. $u_V >$ 门限电压

C. $u_V <$ 门限电压　　　　　　　　　　D. $u_V < 0$

6. 把一个二极管直接同一个电动势为 1.5 V、内阻为 0 的电池正向连接，该二极管（　　）。

A. 击穿　　　　　　　　　　　　　　　　B. 电流为 0

C. 电流正常　　　　　　　　　　　　　　D. 电流过大使管子烧坏

7. 用万用表直流电压挡分别测出 VD1、VD2 和 VD3 正极与负极对地的电位，如图 1-1 所示，VD1、VD2 和 VD3 的状态分别为（　　）。

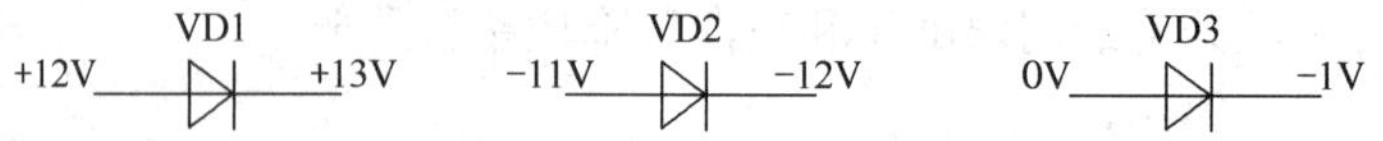

VD1　+12V　+13V　　VD2　−11V　−12V　　VD3　0V　−1V

图 1-1

A. VD1、VD2 和 VD3 均正偏　　　　　　B. VD1 反偏，VD2、VD3 正偏

C. VD1、VD2 反偏，VD3 正偏　　　　　D. VD1、VD2 和 VD3 均反偏

8. 当加在硅二极管两端的正向电压从 0 开始逐渐增加时，硅二极管（　　）。

A. 立即导通

B. 在两端电压达到 0.3 V 时才开始导通

C. 在两端电压超过门限电压时才能导通

D. 不导通

9. 当硅二极管两端施加 0.4 V 正向电压时，该二极管相当于（　　）。

A. 很小的电阻　　　　　　　　　　　　B. 很大的电阻

C. 短路　　　　　　　　　　　　　　　D. 电阻

10. 当二极管两端施加正向电压时，其正向电流由（　　）形成。

A. 多数载流子扩散　　　　　　　　　　B. 多数载流子漂移

C. 少数载流子漂移　　　　　　　　　　D. 少数载流子扩散

11. 二极管反偏时，以下说法正确的是（　　）。

A. 在达到反向击穿电压之前通过的电流很小，称为反向饱和电流

B. 在达到门限电压之前，反向电流很小

C. 二极管反偏一定截止

D. 在达到门限电压之前，反向电流很大

四、综合题

1. 二极管外加正向电压是不是一定导通？为什么？二极管外加反向电压是不是一定截止？为什么？

2. 在图 1－2 所示电路中，假设 VD1、VD2 都是理想二极管，即正向导通时其正向压降为零，反向截止时其反向电流为零。试判断 VD1、VD2 是导通还是截止，并求 U_{AB}的值。

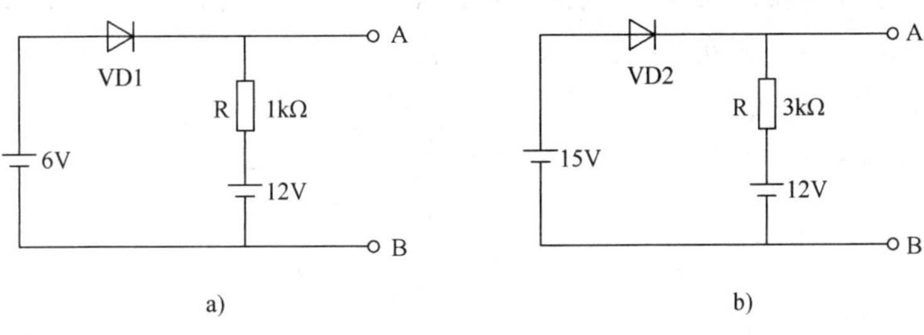

图 1－2

3. 在图 1－3 所示电路中，$E=5$ V，$u_i=10\sin(\omega t)$ V，二极管的正向压降可忽略不计，试画出输出电压 u_o 的波形图。

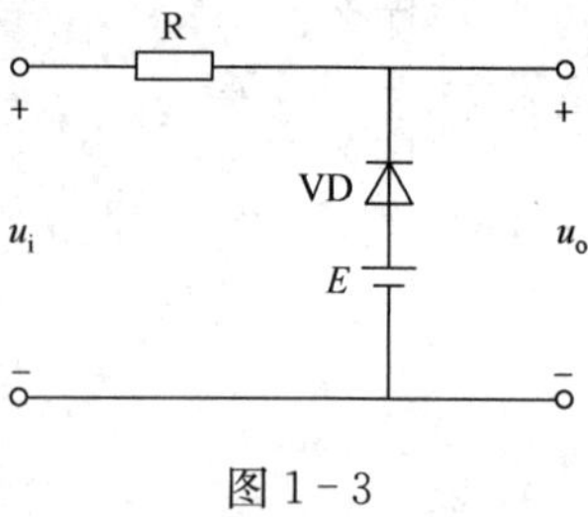

图 1－3

4. 如图 1－4 所示电路，试求下列两种情况下输出端 Y 的电位 u_Y 及各元件（R、VD1、VD2）中通过的电流（u_A 和 u_B 分别为 A、B 两点的电位）。

（1）$u_A=u_B=0$ V。

（2）$u_A=+3$ V，$u_B=0$ V。

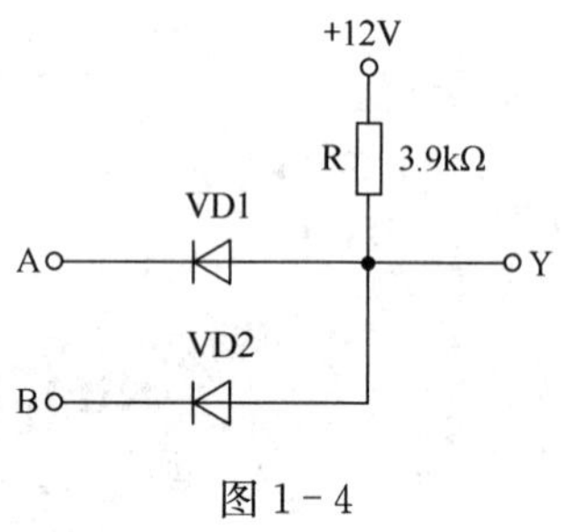

图 1－4

5. 在图 1－5 所示电路中，哪些灯泡可能会亮？

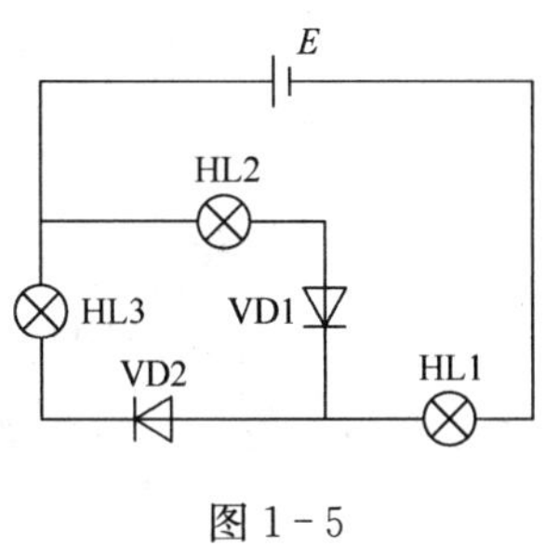

图 1－5

6. 测量电流时，为保护动圈式电表的表头不会因接错直流电源极性或通过电流太大而损坏，常在表头处串联或并联一个二极管，如图 1－6 所示。试说明为什么这两种接法的二极管能对表头起保护作用。

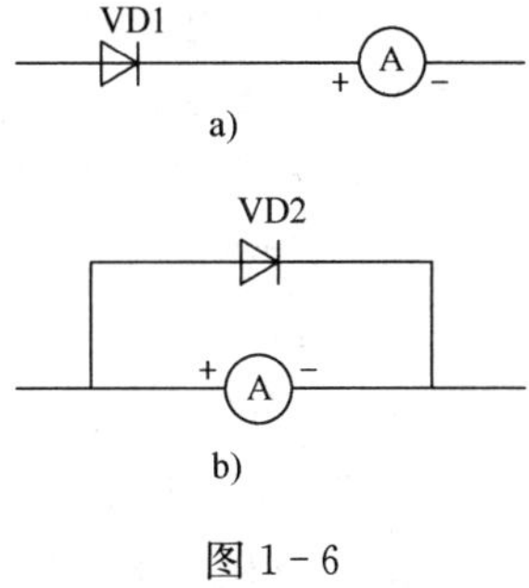

图 1－6

§1-2　二极管的种类、主要参数和使用常识

一、填空题

1. 二极管按所用材料不同可分为__________二极管和__________二极管，使用较多的是______二极管；按制造工艺不同可分为________二极管、________二极管和________二极管等。

2. 二极管的主要参数有________________、____________________、______________和____________。

3. 2AP是____材料的______二极管；2CZ是____材料的______二极管；2DW是____材料的________二极管；2BK是____材料的______二极管。

4. 电路中流过二极管的正向电流过大，二极管将会________；如果加在二极管两端的反向电压过高，二极管会__________。

5. 有一锗二极管的正、反向电阻均接近于零，表明该二极管已__________；有一硅二极管的正、反向电阻均接近于无穷大，表明该二极管已____________。

6. 二极管更换应遵循“__________、________、________”的原则。

7. 从外形上可识别二极管的极性，带色环的一端是二极管的______极，带螺栓的一端是二极管的______极，发光二极管管脚较短的一端是______极。

二、判断题

1. 二极管的反向饱和电流越大，说明二极管的质量越好。（　　）

2. 当反向电压小于反向击穿电压时，二极管的反向电流很小；当反向电压大于反向击穿电压时，其反向电流迅速增加。（　　）

3. 用数字式万用表测试二极管时显示“000”，说明该二极管内部开路。（　　）

三、选择题

1. 测量小功率二极管的好坏时，一般把万用表欧姆挡拨到（　　）挡。

A. R×100 Ω　　B. R×10 Ω

C. R×10 kΩ　　D. R×1 Ω

2. 用万用表R×1 kΩ挡判别二极管的管脚极性，若测得指针偏转很大，说明红表笔接的是（　　）。

A. 正极　　B. 负极

C. 正极或负极　　D. 任意电极

3. 不能用R×10 kΩ挡测量二极管的主要原因是该挡位（　　）。

A. 电源电压过大，易使二极管击穿　　B. 电流过大，易使二极管烧毁

C. 内阻太小，易使二极管烧毁　　D. 内阻太大，易使二极管击穿

4. 用指针式万用表测试二极管，如果二极管（　　），说明二极管是好的。

A. 正、反向电阻都为零

B. 正、反向电阻都为无穷大

C. 正向电阻为几百欧，反向电阻为几百千欧

D. 反向电阻为几百欧，正向电阻为几百千欧

5. 在测量二极管正向电阻时，若用两手把两管脚捏紧，电阻值将会（　　）。

A. 变大　　B. 变小

C. 不变化　　D. 不能确定

6. 用数字式万用表测量二极管时，数值显示 0.150～0.300 V，说明该二极管（　　）。

A. 正常　　B. 短路

C. 开路　　D. 是硅管

7. 用数字式万用表测量二极管时，数值显示 0.550～0.700 V，说明该二极管（　　）。

A. 是锗管　　B. 短路

C. 开路　　D. 是硅管

8. 用万用表不同的电阻挡测量一个正常二极管的正向电阻，测量结果（　　）。

A. 相同　　B. 不同

C. 可能相同也可能不同　　D. 以上都不正确

四、综合题

1. 写出下列二极管型号所表示的含义。

（1）2CZ83：________________

（2）2CW55：________________

（3）2DK14：________________

2. 试说明图 1－7 所示电路中的二极管分别起什么作用（图中 KA1、KA2 为继电器）。

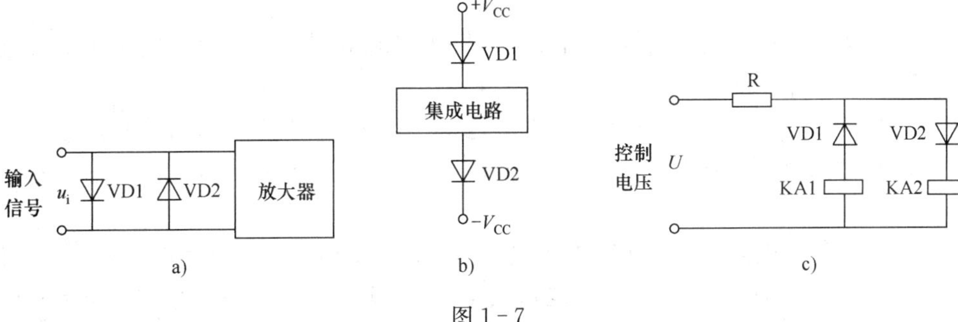

图 1－7

3. 假设用万用表的 R×1 kΩ 挡测得某二极管的正向电阻为 200 Ω，若改用 R×100 Ω 挡测量同一个二极管，则测得的结果将比 200 Ω 大还是小，还是正好相等？为什么？

（提示：使用万用表的欧姆挡测量时，表内电路为 1.5 V 电池与一个电阻串联。不同量程时这个串联电阻的阻值不同，R×10 Ω 挡时的串联电阻值较 R×100 Ω 挡时小。）

§1-3 二极管整流电路

一、填空题

1. 将__________转换为__________称为整流。

2. 在单相半波整流电路中，如果电源变压器二次绕组电压的有效值是 200 V，则负载电压将是________V。

3. 在变压器二次绕组电压相同的情况下，桥式整流电路输出的直流电压比半波整流电路高__________倍，而且脉动__________。

4. 在单相桥式整流电路中，如果负载电流是 20 A，则流过每只二极管的电流是______A。

5. 在单相桥式整流电路中，流过每只整流二极管的平均电流是负载平均电流的____________。

6. 单相桥式整流电路与单相半波整流电路相比，在变压器二次绕组电压相同的条件下，________________电路的输出电压平均值大 1 倍。若输出电流相同，就每个整流二极管而言，则________________电路的输出电流平均值大 1 倍。若变压器二次绕组电压有效值为 U_2，每个整流二极管的反向峰值电压为 U_{RM}，则桥式整流电路的 $U_{RM}=$__________，半波整流电路的 $U_{RM}=$________。

7. 在三相桥式整流电路中的某工作时间内，只有正极电位________和负极电位____________的二极管才能导通。

8. 三相整流电路具有输出电压脉动__________，输出功率__________，变压器利用率________等优点，更重要的是在________输出情况下，不会影响三相电网的平衡，因而在电气设备中得到广泛应用。

9. 三相桥式整流电路负载上输出电压是电源______电压的波顶连线，交流电变化一周，产生________个波头。

10. 硅整流堆外壳上各引脚对应位置一般都有标记。标有“AC”或“～”符号表示接________。标有“＋”和“－”号分别表示这两个端子为脉动直流电的____极、____极。

二、判断题

1. 在单相半波整流电路中，只要把变压器二次绕组的端钮对调，就能使输出直流电压的极性改变。（　　）

2. 在单相桥式整流电路中，整流二极管承受的最高反向工作电压为变压器二次绕组电压的 $2\sqrt{2}$ 倍。（　　）

3. 单相桥式整流电路在输入交流电的每个半周内都有两只二极管导通。（　　）

4. 直流负载电压相同时，单相桥式整流电路中二极管所承受的反向电压比单相半波整流电路高 1 倍。（　　）

5. 在单相整流电路中，输出直流电压的大小与负载大小无关。（　　）

6. 在三相桥式整流电路中，每个整流元件中流过的电流平均值是负载电流平均值的 1/6。（　　）

7. 在三相桥式整流电路中，二极管承受的最高反向工作电压都是线电压的最大值。（　　）

8. 三相桥式整流电路输出电压波形较三相半波整流电路输出电压波形平滑得多，脉动更小。（　　）

三、选择题

1. 整流的目的是（　　）。

A. 将交流变为直流　　B. 将高频变为低频

C. 将正弦波变为方波　　D. 将直流变为交流

2. 整流电路输出的电压应属于（　　）。

A. 平直直流电压　　B. 交流电压

C. 脉动直流电压　　D. 稳恒直流电压

3. 单相半波整流电路输出电压平均值为变压器二次绕组电压有效值的（　　）倍。

A. 0.9　　B. 0.45

C. 0.707　　D. 1

4. 某单相半波整流电路，若变压器二次绕组电压 $U_2=100$ V，则负载两端电压及二极管承受的反向工作电压分别为（　　）。

A. 45 V 和 141 V　　B. 90 V 和 141 V

C. 90 V 和 282 V　　D. 45 V 和 282 V

5. 某单相桥式整流电路中有一只二极管断路，则该电路（　　）。

A. 不能工作　　B. 仍能工作

C. 输出电压降低　　D. 输出电压升高

6. 某单相桥式整流电路，变压器二次绕组电压为 U_2，当负载开路时，整流输出电压为（　　）。

A. $0.9U_2$　　B. U_2

C. $\sqrt{2}U_2$　　D. $1.2U_2$

7. 在单相整流电路中，二极管承受的反向电压最大值出现在二极管（　　）。

A. 截止时　　B. 导通时

C. 由导通转为截止时　　D. 由截止转为导通时

8. 在单相桥式整流电路中，通过二极管的平均电流等于（　　）。

A. 输出平均电流的1/4　　B. 输出平均电流的1/2

C. 输出平均电流　　D. 输出平均电流的1/3

9. 若单相桥式整流电路中某只二极管被击穿短路，则电路（　　）。

A. 仍可正常工作　　B. 不能正常工作

C. 输出电压下降　　D. 输出电压升高

10. 安装单相桥式整流电路时，若误将某只二极管接反了，产生的后果是（　　）。

A. 输出电压降为原来的一半　　B. 输出电压的极性改变

C. 只有接反的二极管烧毁　　D. 可能两只二极管均烧毁

11. 某单相半波整流电路，变压器二次绕组电压为 U_2，若改成单相桥式整流电路，负载上仍获得原有的直流电压，那么改成桥式整流电路后，变压器二次绕组电压为（　　）。

A. $0.5U_2$　　B. U_2

C. $2\sqrt{2}U_2$　　D. $2U_2$

12. 在单相桥式整流电路中，如果电源变压器二次绕组电压有效值是 U_2，则每只整流二极管所承受的最高反向工作电压是（　　）。

A. U_2　　B. $\sqrt{2}U_2$

C. $2\sqrt{2}U_2$　　D. $3\sqrt{2}U_2$

13. 在单相桥式整流电路中，输入交流电压的每个半周内都有（　　）只二极管导通。

A. 2　　B. 1

C. 3　　D. 4

14. 在输出电压平均值相等时，单相桥式整流电路中的二极管所承受的最高反向工作电压为 12 V，则单相半波整流电路中的二极管所承受的最高反向工作电压为（　　）V。

A. 12　　B. 6

C. 24　　D. 8

15. 在单相桥式整流电路中，若变压器二次绕组电压 $u_2=10\sqrt{2}\sin(\omega t)$ V，则每个整流二极管所承受的最高反向工作电压为（　　）V。

A. $10\sqrt{2}$　　B. $20\sqrt{2}$

C. 20　　D. $\sqrt{2}$

16. 下列电路中，输出电压脉动最小的是（　　）。

A. 单相半波整流电路　　B. 单相桥式整流电路

C. 三相半波整流电路　　D. 三相桥式整流电路

17. 每个整流元件中流过的电流是负载电流平均值的 1/3 的电路是（　　）。

A. 三相桥式整流电路　　B. 单相半波整流电路

C. 单相桥式整流电路　　D. 单相全波整流电路

四、综合题

1. 在单相半波整流电路中，已知变压器一次绕组电压 $U_i=220$ V，变压比 $n=10$，负载电阻 $R_L=10$ kΩ，试计算：

（1）整流输出电压 U_L。

（2）通过二极管的电流和其承受的最高反向工作电压。

2. 在单相桥式整流电路中，若要求输出直流电压为 25 V，输出直流电流为 200 mA，试分析选用二极管的电压、电流参数应满足什么要求。

3. 电路板上元件布局如图 1－8 所示，试作图将它们接成桥式整流电路，要求接线简洁、整齐。

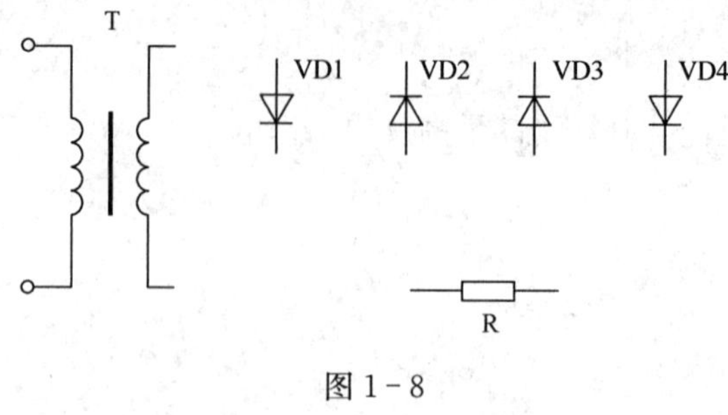

图 1－8

4. 在单相桥式整流电路中有 4 只整流二极管，所以流过每只二极管的电流平均值等于负载电流的 1/4，这种说法对吗？为什么？

5. 在三相半波整流电路中，负载 R_L 为 10 Ω，若要求负载电流为 100 A，试求：

（1）变压器二次绕组相电压的有效值 U_2。

（2）每只二极管承受的最高反向工作电压 U_{RM}。

（3）流过每只二极管的平均电流 I_F。

6. 在三相桥式整流电路中，已知变压器二次绕组电压的有效值为 120 V，输出直流电流 30 A，试求：

（1）输出直流电压的平均值。

（2）负载电阻值。

（3）整流二极管的平均电流和最大反向工作电压。

§1-4 滤波电路

一、填空题

1. 所谓滤波，就是保留脉动直流电中的____________成分，尽可能滤除其中的________成分，把脉动直流电变成________直流电的过程。常用的滤波元件有________和________。

2. 常用滤波电路有______________、____________、__________等几种，滤波电路一般接在__________电路的后面。

3. 在滤波电路中，滤波电容和负载_______联，滤波电感和负载_______联。

4. 电容滤波是利用电路中电容充电速度_______、放电速度_______的特点，使脉动直流电压变得______，从而实现滤波的。负载电阻 R_L 的阻值越_________，电容滤波的效果越好。电容滤波适用于_____________的场合。

5. 电感滤波是利用电感线圈电流不能_________，从而使流过负载的电流变得______来实现滤波的。电感滤波电路主要用于负载电流____或负载电流_________的场合。滤波电感 L 越__________，电感滤波的效果越好。

6. 若变压器二次绕组电压为 U_2，则单相半波整流电容滤波电路负载获得的直流电压接负载时为_____________，不接负载时为____________。

二、判断题

1. 电容滤波电路带负载的能力比电感滤波电路强。 （　　）
2. 在单相整流电容滤波电路中，电容器的极性不能接反。 （　　）
3. 整流电路接入电容滤波后，输出直流电压下降。 （　　）
4. 单相桥式整流电路采用电容滤波后，二极管承受的最高反向工作电压降低。 （　　）
5. 复式滤波电路输出的电压波形比一般滤波电路输出的电压波形平直。 （　　）
6. 在带有电容滤波的单相桥式整流电路中，其输出电压的平均值与所带负载无关。 （　　）
7. 电容滤波适用于小负载电流，而电感滤波适用于大负载电流。 （　　）
8. 整流电路接入电容滤波以后，输出电压的波形变得连续平滑，而对输出电压大小没有影响。 （　　）

三、选择题

1. 利用电抗元件的（　　）特性能实现滤波。

A. 延时　　B. 储能　　C. 稳压　　D. 负阻

2. 常用的储能元件有（　　）。

A. 三极管　　B. 电容器　　C. 电阻器　　D. 二极管

3. 在整流电路的负载两端并联一个大电容，其输出电压脉动的大小将随负载电阻和电容量的增加而（　　）。

A. 增大　　B. 减小　　C. 不变　　D. 以上都不是

4. 在单相桥式整流电容滤波电路中，若要负载得到 45 V 的直流电压，变压器二次绕组电压的有效值应为（　　）V。

A. 45　　B. 50　　C. 100　　D. 37.5

5. 在单相桥式整流电容滤波电路中，如果电源变压器二次绕组电压为 100 V，则负载电压为（　　）V。

A. 100　　B. 120　　C. 90　　D. 130

6. 在滤波电路中，与负载并联的元件是（　　）。

A. 电容　　B. 电感　　C. 电阻　　D. 开关

7. 单相桥式整流电路接入电容滤波后，二极管的导通时间将（　　）。

A. 变长　　B. 变短　　C. 不变　　D. 以上都不正确

8. 在单相半波整流电容滤波电路中，当负载开路时，输出电压为（　　）。

A. 0　　B. U_2　　C. $0.45U_2$　　D. $\sqrt{2}U_2$

四、综合题

1. 在单相半波和单相桥式整流电路中，加电容滤波和不加电容滤波两种情况下，二极管承受的反向工作电压有无区别？为什么？

2. 桥式整流电容滤波电路如图 1-9 所示。

(1) 在桥臂上画出 4 只整流二极管，标出电容 C 的正极。

(2) 其输出电压是正还是负？

(3) 若输出电压为 24 V，u_2 的有效值应为多少？

(4) 电容 C 开路或短路时，会产生什么后果？

(5) 若负载电流为 200 mA，滤波电容 C 的容量和耐压为多少？

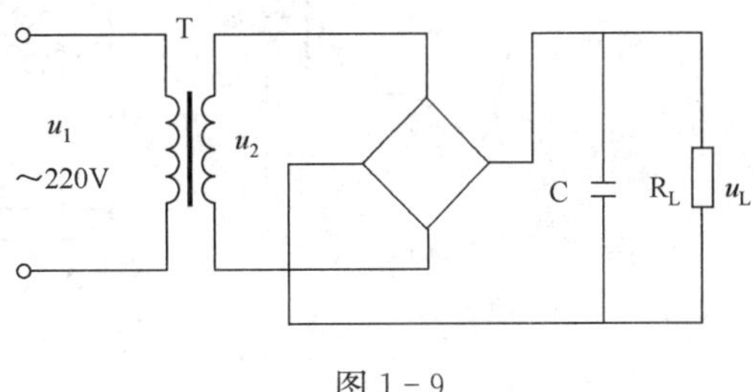

图 1-9

3. 如图 1－10 所示电路，电阻、电感、电容元件能否起到滤波作用？

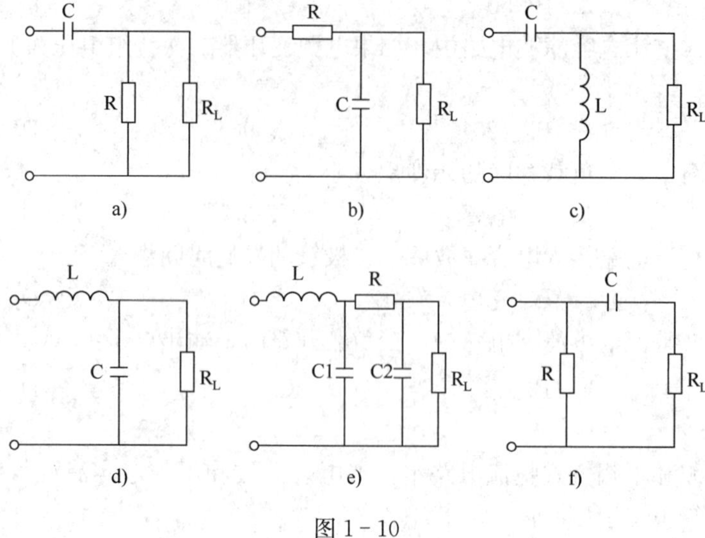

图 1－10

4. 单相桥式整流电容滤波电路如图 1－11 所示，已知变压器一次绕组电压有效值 $U_1=220\ \text{V}$，变压比 $n=22$，试求下列情况输出电压的有效值 U_L。

（1）开关 S1 断开，S2 闭合。

（2）开关 S1 和 S2 都闭合。

（3）开关 S1 闭合，S2 断开。

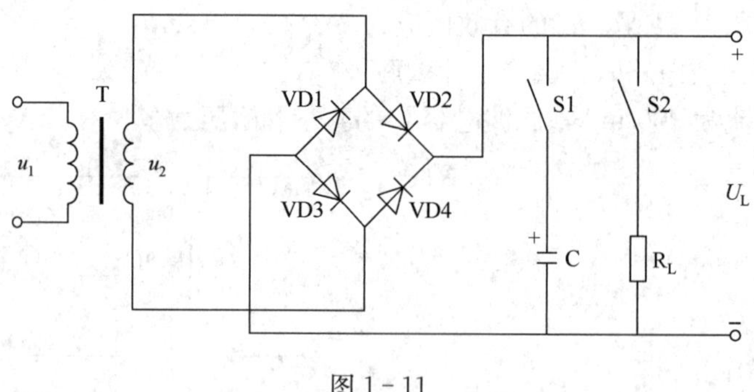

图 1－11

5. 整流电路如图 1 - 12 所示，已知变压器二次绕组电压有效值U_2=10 V，试回答下列问题。

(1) R_{L1}和R_{L2}上的电压极性如何？(在图上标出)

(2) 当R_{L1}和R_{L2}开路（空载时），电容 C1 和 C2 上的直流电压各为多少？

(3) 当R_{L1}和R_{L2}接入电路后，输出电压分别为多少？

(4) 二极管承受的最高反向工作电压为多少？

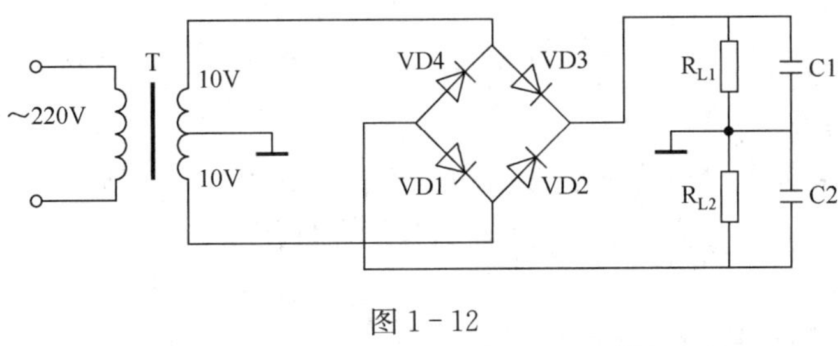

图 1 - 12

6. 某单相桥式整流电容滤波电路，输出直流电压为 24 V，电流为 100 mA，试问：

(1) 如何选择整流二极管。

(2) 如何选择滤波电容。

(3) 如测得U_L为下述数值，分析可能发生的故障。

1) U_L=18 V；　2) U_L=28 V；　3) U_L=9 V。

§1-5 几种特殊用途的二极管

一、填空题

1. 一只 2DW7 稳压二极管的稳定电压为 6 V，和一只 2CZ52B 二极管反向串联后可作稳压管使用，稳定电压为________________。

2. 发光二极管是将________信号转换成________信号，光电二极管是将________信号转换成________信号。

3. 发光二极管和光电二极管都是常用的二极管，其中__________________是用来将光信号变成电信号，__________________是作为显示器件使用。

二、判断题

1. 稳压二极管按材料可分为硅管和锗管。（　　）

2. 硅稳压二极管的稳压作用是利用其内部 PN 结的正向特性来实现的。（　　）

3. 硅稳压二极管工作在反向击穿状态，切断外加电压后，PN 结仍处于反向击穿状态。（　　）

4. 只要限制击穿电流，硅稳压二极管就可以长期工作在反向击穿区。（　　）

5. 普通二极管可作为稳压管使用，稳压二极管可作为整流管使用。（　　）

6. 二极管一旦反向击穿就一定损坏。（　　）

7. 光电二极管和发光二极管使用时都应接反向电压。（　　）

8. 光电二极管可以作为电路的通断和指示用。（　　）

9. 发光二极管可以接收可见光线。（　　）

10. 当增大变容二极管两端的反向电压时，结电容减小。（　　）

三、选择题

1. 稳压管是利用其伏安特性的（　　）特性进行稳压的。

A. 反向　　　B. 反向击穿

C. 正向起始　　　D. 正向导通

2. 稳压二极管一般工作在（　　）状态。

A. 正向开启　　　B. 正向导通

C. 反向截止　　　D. 反向击穿

3. 某只硅稳压二极管的稳定电压为 4 V，当其两端施加的电压分别为＋5 V（正向偏置）和－5 V（反向偏置）时，稳压二极管两端的最终电压分别为（　　）。

A. ＋5 V 和－5 V　　　B. －5 V 和＋4 V

C. ＋4 V 和－0.7 V　　　D. ＋0.7 V 和－4 V

4. 两个稳压管的稳压值分别为 6 V 和 9 V，正向压降均为 0.7 V，则用这两种稳压管串联可以组成（　　）种稳压值的稳压电路。

A. 2　　　B. 3

C. 4　　　D. 5

5. 稳压二极管稳压电路如图 1－13 所示，当稳压二极管稳压值 U_{Z1} 和 U_{Z2} 同为 6.3 V，正向导通压降U_{D1}和U_{D2}同为0.7 V时，其输出电压U_o为（　　）V。

A. 0.3　　B. 0.7

C. 7　　D. 14

6. 稳压二极管稳压电路如图1-14所示，当$U_{Z1}=7$ V、$U_{Z2}=3$ V时，该电路的输出电压为（　　）V。

A. 0.7　　B. 0.4

C. 3　　D. 7

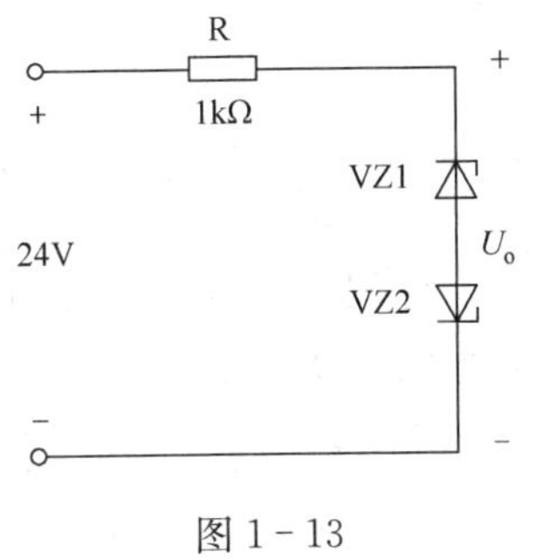

图1-13

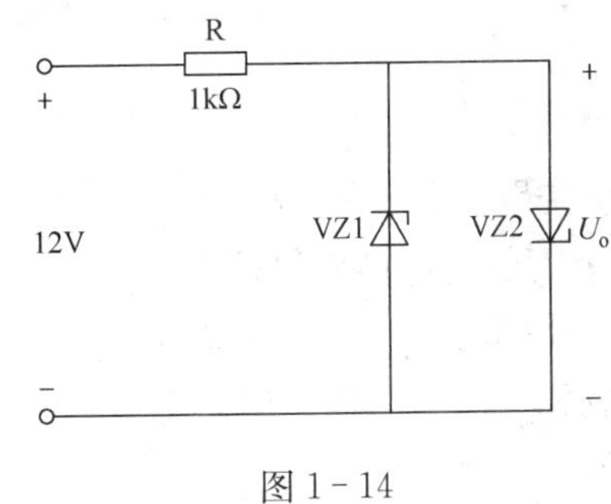

图1-14

7. 变容二极管在电路中使用时，其PN结是（　　）。

A. 正向运用　　B. 反向运用

C. 反向击穿　　D. 以上均可

第二章　三极管及放大电路

§2－1　认识三极管

一、填空题

1. 三极管的内部结构包括__________区、__________区和__________区；共有两个 PN 结分别为________结和________结；共有三个电极分别为__________极、______极和______极，用________、______和______或______、______和______表示。

2. 三极管有______型和______型两大类，前者的图形符号是______，后者的图形符号是______。

3. 三极管 3DG56 代表的含义是______材料______型________三极管，3AD30C 代表的含义是______材料______型________三极管。

4. 某三极管的 U_{CE} 不变，基极电流 $I_B=30\ \mu A$ 时，$I_C=1.2\ mA$，则发射极电流 $I_E=$______ mA。

5. 三极管电流放大的外部条件是______加正向电压，______加反向电压。满足以上条件，NPN 型三极管三个电极的电位关系是___＜___＜___；PNP 型三极管三个电极的电位关系是___＜___＜___。

6. 三极管三个电极电流之间的关系式是______，其中______最大，______最小。

7. 三极管基极电流 I_B 的微小变化，会引起集电极电流 I_C 的较大变化，说明三极管具有________作用。

8. 当 U_{CE} 不变时，________和______之间的关系曲线称为三极管的输入特性曲线。

9. 硅三极管发射结的开启电压约为______ V，锗三极管的开启电压约为______ V。三极管处在正常放大状态时，硅管的导通电压约为_____ V，锗管的导通电压约为______ V。

10. 当三极管发射结______、集电结______时，三极管工作在放大区；当三极管发射结______、集电结______或______时，三极管工作在饱和区；当三极管发射结__________或__________、集电结______时，三极管工作在截止区。

11. 三极管的穿透电流 I_{CEO} 随温度的升高而______。

12. 三极管的极限参数分别是______、______和______。

13. 工作在放大状态的三极管可作为______器件；工作在截止和饱和状态的三极管可作为______器件。

14. 已知某三极管 $U_{BE}=0.3\ V$，$U_{CE}=4\ V$，则该管工作在______区，是由______材料制造的。

15. 在选用三极管时，应同时考虑________、I_{CM}和 P_{CM}。

16. 用数字万用表测量三极管时，可用________挡，通过测量 PN 结的正向压降来确定三极管的管型及管脚，其中发射结正向压降______，集电结正向压降______。

二、判断题

1. 三极管有两个 PN 结，因此它具有单向导电性。（　　）

2. 三极管由两个 PN 结组成，所以可用两只二极管构成一个三极管。（　　）

3. 三极管的发射区和集电区是由同一类半导体材料（N 型或 P 型）构成的，所以集电极和发射极可以互换使用。（　　）

4. 发射结正向偏置的三极管一定工作在放大状态。（　　）

5. 发射结反向偏置的三极管一定工作在截止状态。（　　）

6. 三极管是电压放大器件。（　　）

7. 三极管放大电路中放大管的 β 值越大越好。（　　）

8. 选择三极管时，只要考虑其 $P_{CM} < I_C U_{CE}$ 即可。（　　）

9. 温度升高，三极管穿透电流增大，管子工作稳定性变差。（　　）

三、选择题

1. NPN 型三极管和 PNP 型三极管的区别是（　　）。

A. 由硅和锗两种不同材料组成　　B. 掺入杂质不同

C. P 区和 N 区的位置不同　　D. 工作特性不同

2. 三极管按用途可分为（　　）。

A. NPN 管和 PNP 管　　B. 放大管和开关管

C. 硅管和锗管　　D. 小功率管和大功率管

3. 以下型号代表锗低频小功率三极管的是（　　）。

A. 3ZC　　B. 3AD

C. 3AX　　D. 3DD

4. 关于三极管，下面说法错误的是（　　）。

A. 有 NPN 型和 PNP 型两种　　B. 有电流放大作用

C. 发射极和集电极不能互换使用　　D. 等于两个二极管的简单组合

5. 三极管的输出特性曲线可分为三个区，其中不包括（　　）。

A. 截止区　　B. 饱和区

C. 放大区　　D. 击穿区

6. 三极管电流放大的实质是（　　）。

A. 把小能量转换成大能量　　B. 把低电压放大成高电压

C. 把小电流放大成大电流　　D. 用较小的电流控制较大的电流

7. 在三极管放大器中，三极管各管脚电位最高的是（　　）。

A. NPN 管的集电极　　B. PNP 管的集电极

C. NPN 管的发射极　　D. PNP 管的基极

8. 三极管的（　　）作用是三极管最基本和最重要的特性。

A. 电压放大　　B. 电流放大

C. 功率放大　　D. 正向电阻小，反向电阻大

9. 在三极管输出特性曲线中，当 $I_B=0$ 时，I_C 等于（　　）。

A. I_{CM}　　B. I_{CBO}

C. I_{CEO}　　D. I_{BEO}

10. 三极管的伏安特性是指它的（　　）。

A. 输入特性　　B. 输出特性

C. 输入特性和输出特性　　D. 正向特性

11. 三极管的输出特性曲线是簇曲线，每一条曲线都与（　　）对应。

A. I_C　　B. U_{CE}

C. I_B　　D. I_E

12. 三极管可分为（　　）种工作状态。

A. 1　　B. 2

C. 3　　D. 4

13. 三极管的输入特性曲线呈（　　）。

A. 线性　　B. 非线性

C. 开始时是线性，后来是非线性　　D. 开始时是非线性，后来是线性

14. 满足 $I_C=\beta I_B$ 关系时，三极管工作在（　　）。

A. 饱和区　　B. 放大区

C. 截止区　　D. 击穿区

15. 在正常放大电路中，测得三极管的 1、2、3 脚对地电压分别为 −10 V、−10.3 V、−14 V，下列有关该三极管说法正确的是（　　）。

A. NPN 型三极管　　B. 硅三极管

C. 1 脚是发射极　　D. 3 脚是基极

16. 三极管各极对地电位如图 2－1 所示，其中工作于饱和状态的三极管是（　　）。

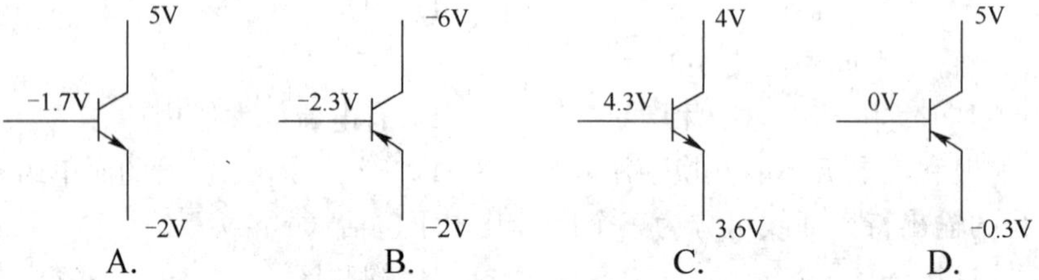

图 2－1

17. 如图 2－2 所示电路，电源电压为 9 V，三极管 C、E 两极间电压为 4 V，E 极电位为 1 V，说明该三极管处于（　　）状态。

A. 放大　　B. 截止

C. 饱和　　D. 短路

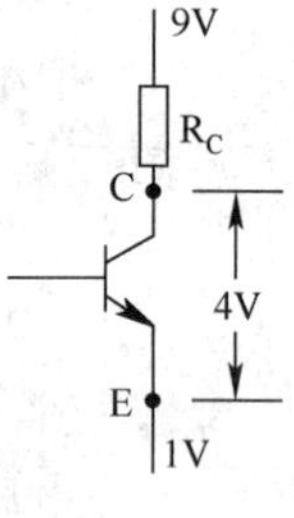

18. 有 3 只三极管，除 β 和 I_{CEO} 不同外，其他参数一样，用作放大器件时，应选用（　　）的三根管。

A. $\beta=50$、$I_{CEO}=0.5$ mA

B. $\beta=140$、$I_{CEO}=2.5$ mA

图 2－2

C. $\beta=10$、$I_{CEO}=0.5$ mA

D. $\beta=30$、$I_{CEO}=0.5$ mA

19. 三极管的穿透电流 I_{CEO}大，说明其（　　）。

A. 工作电流大　　B. 击穿电压高

C. 使用寿命长　　D. 热稳定性差

20. 关于三极管安全极限参数，下面说法错误的是（　　）。

A. I_{CM}为集电极最大允许电流，若 I_C长时间大于 I_{CM}，可能导致三极管损坏

B. 集电极最大允许损耗功率 $P_{CM}=I_{CM}U_{BR(CEO)}$

C. $U_{(BR)CEO}$为基极开路时集电极与发射极之间的最大允许电压

D. 集电极最大允许损耗功率 $P_{CM}>I_CU_{CE}$

21. 三极管的下列参数中，当（　　）超过有效值时，三极管一定被击穿。

A. 集电极最大允许功耗 P_{CM}　　B. 集电极最大允许电流 I_{CM}

C. 集-射极之间反向击穿电压 $U_{(BR)CEO}$　　D. 以上任意一个参数

22. 某三极管的 $P_{CM}=100$ mW，$I_{CM}=20$ mA，$U_{(BR)CEO}=30$ V，如果将它接在 $I_C=15$ mA，$U_{CE}=20$ V 的电路中，则该管（　　）。

A. 被击穿　　B. 工作正常

C. 功耗太大、过热甚至烧坏　　D. A、C 两个选项均正确

23. 用万用表 R×1 kΩ 挡测量一只正常的三极管，若用红表笔棒接触一只管脚，用黑表笔棒分别接触另外两只管脚，测得电阻都很大，则该三极管是（　　）。

A. PNP 型　　B. NPN 型

C. 无法确定　　D. A、B 两个选项均有可能

24. 用万用表的电阻挡测得三极管任意两管脚间的电阻均很小，说明该管（　　）。

A. 两个 PN 结均击穿　　B. 两个 PN 结均开路

C. 发射结击穿，集电结正常　　D. 发射结正常，集电结击穿

25. 三极管（　　），说明已损坏。

A. B、E 两极间 PN 结正向电阻很小

B. B、C 两极间 PN 结反向电阻很大

C. B、C 两极间 PN 结正向电阻很小

D. B、C 两极间 PN 结正反向电阻差别不大

26. 用万用表的红表笔接触三极管的一只管脚，用黑表笔接触另外两只管脚，若测得电阻均较小，说明该三极管是（　　）。

A. PNP 管　　B. NPN 管

C. 晶闸管　　D. 无法确定

27. 用万用表的电阻挡来判断三极管 3 个管脚的方法是（　　）。

A. 先找 E，再找 C 和 B 及判定类型

B. 先找 C 并判定类型，再找 B 和 E

C. 先找 B 并判定类型，再找 E 和 C

D. 以上都不对

四、综合题

1. 三极管的主要功能是什么？放大的实质是什么？放大能力用什么来衡量？

2. 测得放大电路中两只三极管两个电极的电流如图 2-3 所示，求另一个电极的电流，标出其实际方向，并在圆圈中画出该三极管的图形符号及标出电极文字代号。

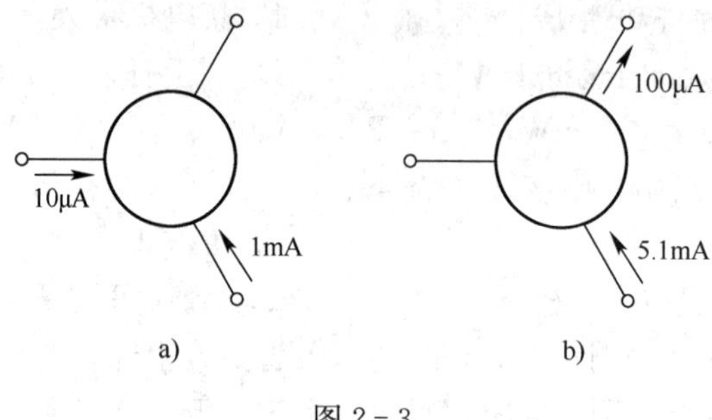

图 2-3

3. 根据如图 2-4 所示各三极管的对地电位，分析各三极管处于何种工作状态。

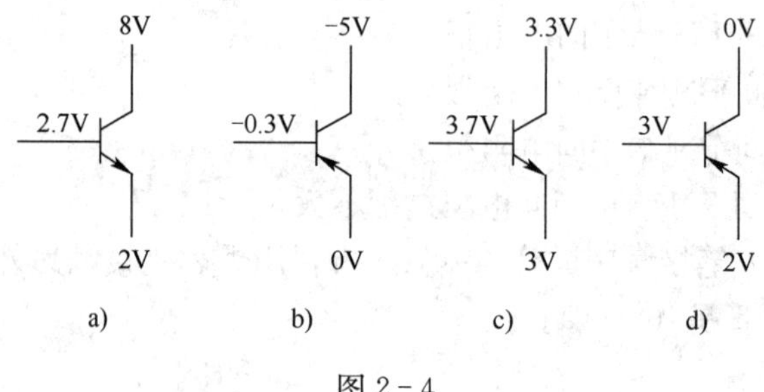

图 2-4

4. 测得某放大电路中三极管各管脚间电压如图 2-5 所示，试问各管脚分别是什么极？该管是硅管还是锗管？该管是 NPN 型还是 PNP 型？

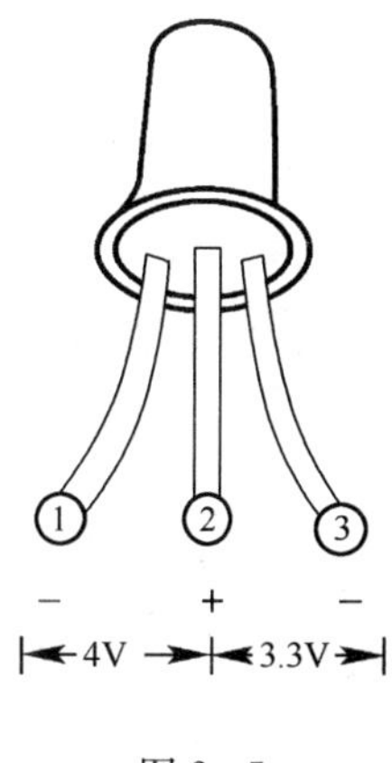

图 2-5

5. 三极管各电极实测电位如图 2-6 所示，试回答下列问题。

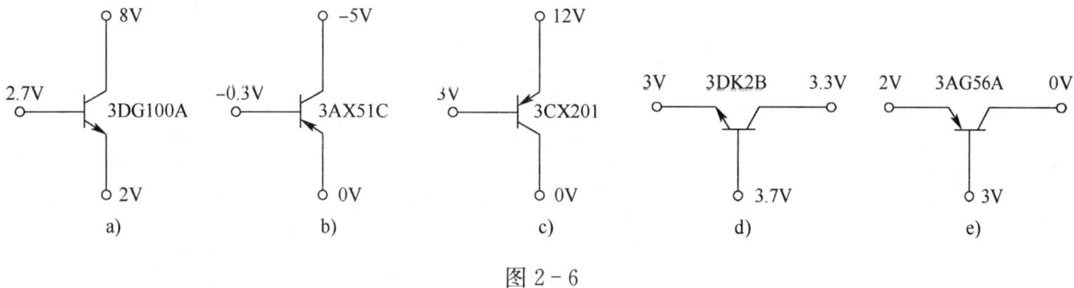

图 2-6

(1) 各三极管是 PNP 型还是 NPN 型？

(2) 各三极管是锗管还是硅管？

(3) 各三极管是否损坏，若损坏，指出哪个结已开路或短路？若没损坏，处于哪一种工作状态？

6. 根据图 2-7 所示电路，判断各电路中三极管是否工作在放大状态。

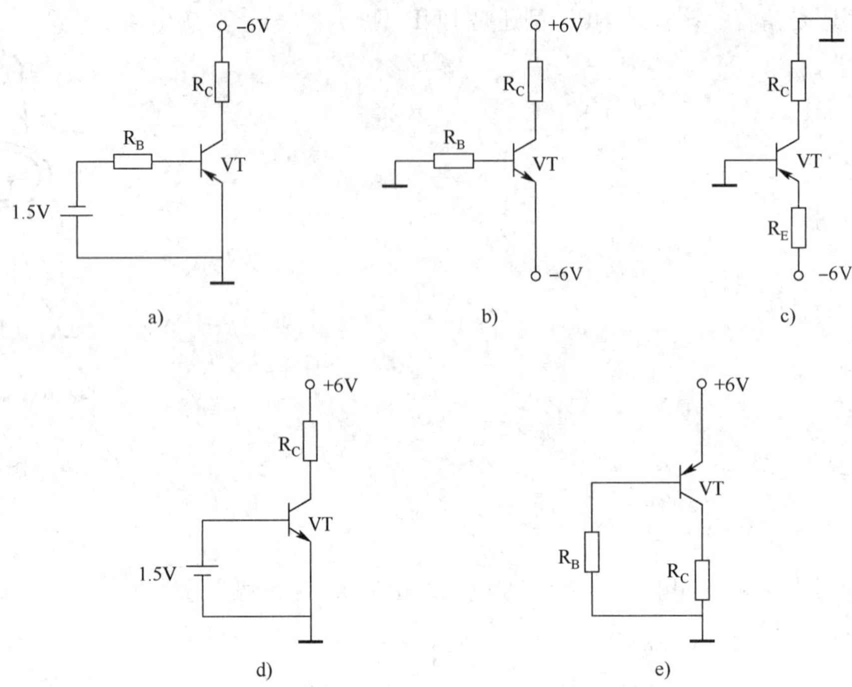

图 2-7

§2-2　共射基本放大电路

一、填空题

1. 放大电路按三极管连接方式可分为________、________和________三类。

2. 放大电路中三极管的静态工作点是指________、________和________。

3. 利用________通路可估算放大器的静态工作点；利用________通路可以估算放大电路的输入电阻、输出电阻和电压放大倍数。

4. 从放大电路输入端看进去的交流等效电阻，称为放大电路的________；从放大电路输出端看进去的交流等效电阻，称为放大电路的________。

5. 共射基本放大电路的电压放大倍数 A_u=________，不接负载时 A_u=________。

6. 在共射基本放大电路中，用万用表测得 $U_{CE}\approx U_{CC}$，说明该三极管工作于________状态；若测得 $U_B > U_E$ 且 $U_B > U_C$，说明该管工作于________状态。

7. 放大电路的图解法是利用三极管的____________________和____________________，通过________分析放大电路性能的方法。

8. 利用图解法确定三极管静态工作点时，首先要画出________负载线，分析电路的动态工作时，应画出________负载线。

二、判断题

1. 在共射基本放大电路中，输出电压与输入电压同相。（　　）

2. 变压器也能把电压升高，所以变压器也是放大器。（　　）

3. 信号源和负载不是放大电路的组成部分，但它们对放大电路有影响。（　　）

4. 画放大电路的直流通路时，应把电容视为短路；画放大电路的交流通路时，应把电容和电源视为开路。（　　）

5. 对放大电路来说，输入电阻小一些，有利于减轻信号源的负担；输出电阻大一些，可以提高带负载的能力。（　　）

6. 放大电路加上负载后，放大倍数和输出电压均会增大。（　　）

7. 放大电路的交流负载线比直流负载线陡。（　　）

8. 若放大电路的输出端不接负载，则放大电路的交流负载线将与直流负载线相重合。（　　）

三、选择题

1. 用三极管构成放大电路时，按公共端不同可有（　　）种连接方式。

A. 1　　B. 2

C. 3　　D. 4

2. 放大电路的静态工作点是指输入信号（　　）时三极管的工作点。

A. 为零　　B. 为正

C. 为负　　D. 很小

3. 设置静态工作点的目的是（　　）。

A. 使放大电路工作在线性放大状态　　B. 使放大电路工作在非线性状态

C. 尽量提高放大电路的放大倍数　　D. 尽量增强放大电路工作的稳定性

4. 放大电路的交流通路是指（　　）。

A. 电压回路　　B. 电流通过的路径

C. 交流信号流通的路径　　D. 直流信号流通的路径

5. 在共射基本放大电路的输入端施加一个正弦波信号，这时基极电流的波形如图 2－8 中（　　）图所示。

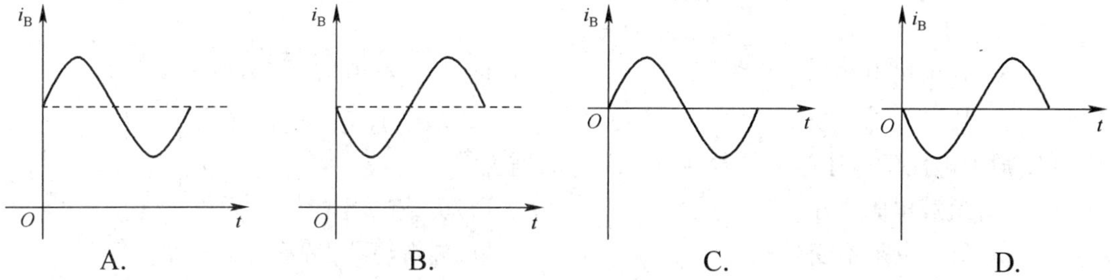

i_B O t A.　i_B O t B.　i_B O t C.　i_B O t D.

图 2－8

6. 对放大电路最基本的要求是（　　）。

A. 只需放大倍数很大　　B. 只需放大交流信号

C. 放大倍数要大且失真要小　　D. 只需放大直流信号

7. 下列有关放大电路的说法中，错误的是（　　）。

A. 放大电路的放大本质是能量控制

B. 放大电路不加直流电源，也能在输出端得到较大能量

C. 放大电路负载上的信号变化规律是由输入信号决定的

D. 放大电路在负载上得到的比输入大得多的能量是由直流电源提供的

8. 判断一个放大电路能否正常放大的根据是（　　）。

A. 有无合适的静态工作点，三极管是否工作在放大区，是否满足 $U_C>U_B>U_E$

B. 交流信号是否畅通传送及放大

C. 三极管是否工作在放大区及交流信号是否畅通传送及放大

9. 如图 2－9 所示放大电路，该电路不能正常放大交流信号的原因是（　　）。

A. 发射结不能正偏

B. 集电结不能反偏

C. 输出无电阻 R_C，u_o交流对地短路

D. V_{CC}极性接反了

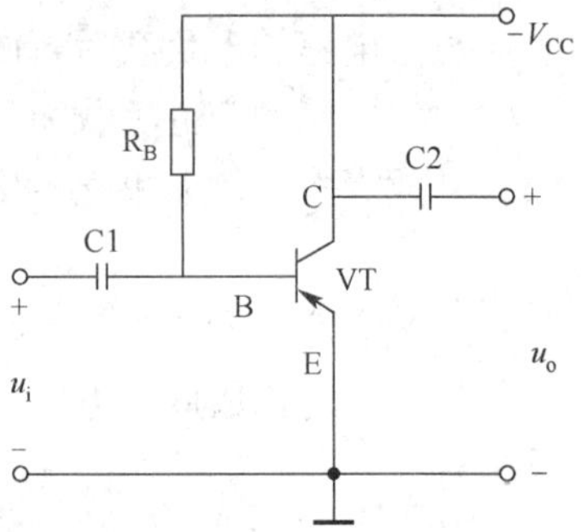

图 2－9

10. 某放大电路的电压放大倍数 $A_u=-100$，其负号表示（　　）。

A. 衰减

B. 输出信号与输入信号的相位相同

C. 放大

D. 输出信号与输入信号的相位相反

11. 放大电路空载时的放大倍数与负载时的放大倍数相比，（　　）。

A. 空载时放大倍数大些　　B. 负载时放大倍数大些

C. 空载与负载时的放大倍数一样大　　D. 空载时放大倍数为 0

12. 在共射基本放大电路中，R_C 的作用是（　　）。

A. 三极管集电极的负载电阻

B. 使三极管工作在放大状态

C. 减小放大电路的失真

D. 把三极管电流放大作用转变为电压放大作用

13. 在放大电路中，当集电极电流增大时，三极管（　　）。

A. 集电极电压 U_{CE}上升　　B. 集电极电压 U_{CE}下降

C. 基极电流不变　　D. 基极电流也随着增大

14. 放大电路的电压放大倍数在（　　）时增大。

A. 负载电阻减小　　B. 负载电阻增大

C. 负载电阻不变　　D. 电源电压升高

15. 在放大电路中，其他条件不变，当电源电压增大时，直流负载线的斜率（　　）。

A. 增大　　　　B. 减小　　　　C. 不变　　　　D. 为零

16. 放大电路的直流负载线是指（　　）条件下的负载线。

A. $R_L = R_C$　　　　B. $R_L = 0$　　　　C. $R_L = \infty$　　　　D. $R_L = R_B$

17. 图 2－10 中能正常调整静态工作点的电路是（　　）。

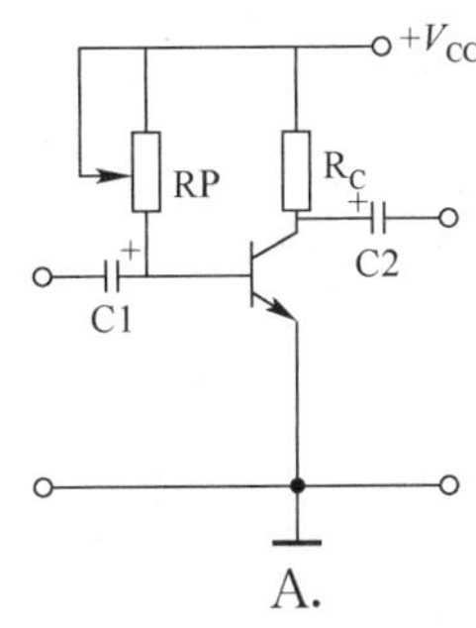

A.

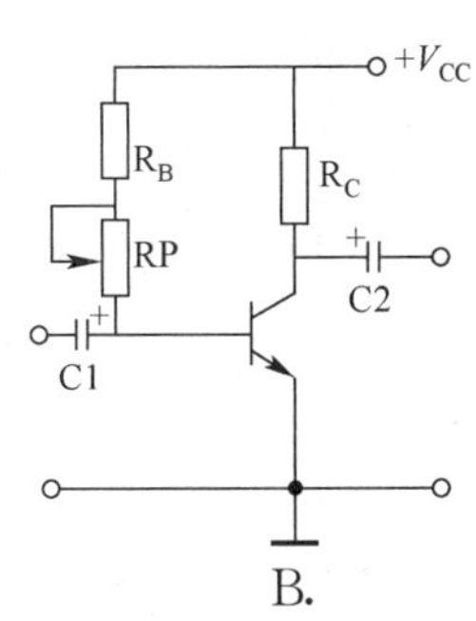

B.

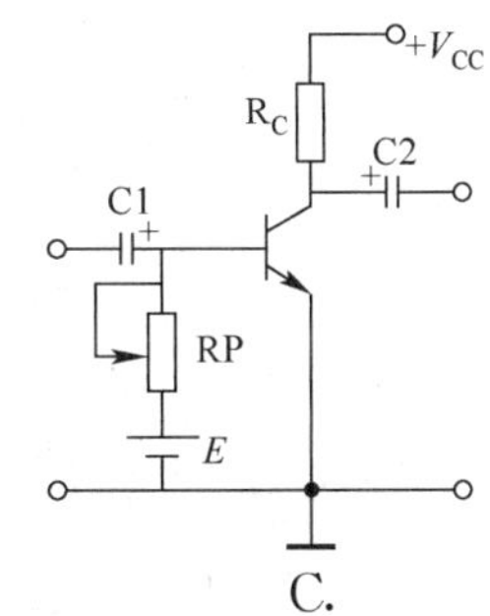

C.

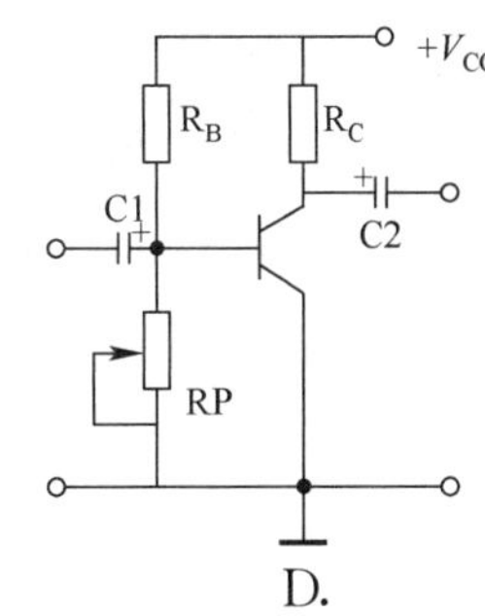

D.

图 2－10

18. 在放大电路中，调整静态工作点通常会采取调整（　　）的办法实现。

A. 基极电阻　　　　B. 集电极电阻

C. 电源电压　　　　D. 三极管参数

19. 放大倍数是衡量（　　）的指标。

A. 放大电路对信号源影响程度　　　　B. 放大电路带动负载能力

C. 放大电路放大信号能力　　　　D. 放大电路电流放大能力

20. 对放大电路的负载来说，放大电路相当于（　　）。

A. 一个理想电压源　　　　B. 一个带内阻的电压源

C. 一个理想电流源　　　　D. 一个带内阻的电流源

21. 某共射基本放大电路，当输入 1 kHz、10 mV 正弦信号时，$A_u = -50$。若改为输入 1 kHz、20 mV 正弦信号，则（　　）。

A. A_u不变，仍为-50　　　　B. 若输出信号不失真，则 $A_u = -100$

C. 若输出信号不失真，则 $A_u = -50$　　　　D. $A_u = -150$

22. 某放大电路接 1 kΩ 负载电阻时，输出电压为 2 V。当放大电路接 2 kΩ 负载电阻时，输出电压为2.4 V，则该放大电路空载时的输出电压 u_o及输出电阻 r_o分别为（　　）。

A. 2 V 和 1 kΩ　　　　B. 2.4 V 和 2 kΩ

C. 3 V 和 0.5 kΩ　　　　D. 2 V 和 0.5 kΩ

四、综合题

1. 一个共射基本放大电路是由哪些元件组成的？各元件的作用是什么？

2. 试画出如图 2－11 所示电路的直流通路和交流通路。

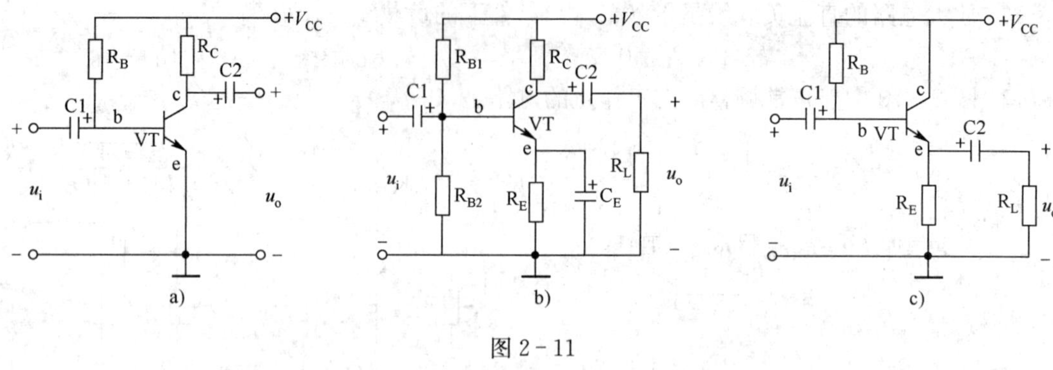

图 2－11

3. 试判断如图 2－12 所示电路能否正常放大，并简单说明理由。

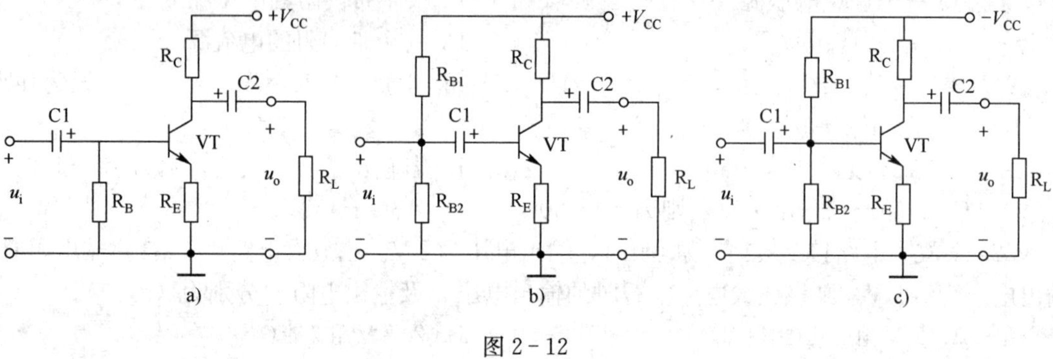

图 2－12

4. 如图 2-13 所示共射基本放大电路，其三极管的 V_{CC}=12 V，R_C=3 kΩ，U_{BE}可忽略不计，试回答下列问题。

(1) 若 R_B=400 kΩ，β=80，则该放大电路静态工作点的值是多少？

(2) 若要把 U_{CEQ}调到 2.4 V，则 R_B应调到多大？

(3) 若要把 I_{CQ}调到 1.6 mA，则 R_B应调到多大？

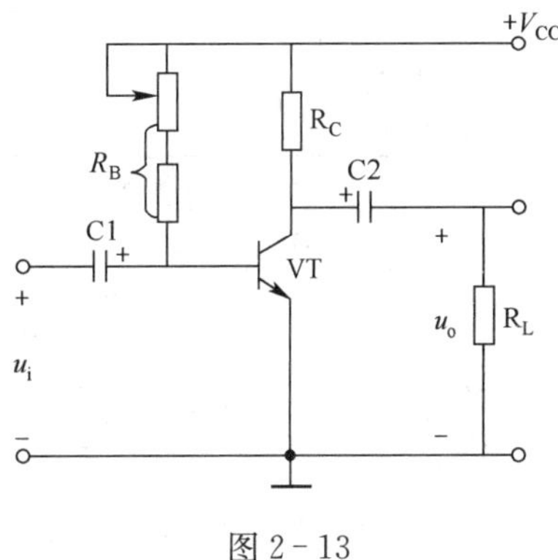

图 2-13

5. 共射基本放大电路与三极管输出特性曲线如图 2-14 所示，已知 V_{CC}=12 V，R_B=200 kΩ，R_C=4 kΩ，试回答下列问题。

(1) 请在如图 2-14b 所示的输出特性曲线上作出直流负载线，并确定静态工作点。

(2) 当 R_C由 4 kΩ 增大到 6 kΩ 时，工作点将移至何处？

(3) 当 R_B由 200 kΩ 变为 100 kΩ 时，工作点将移至何处？

(4) 当电源电压 V_{CC}由 12 V 变为 6 V 时，工作点将移至何处？

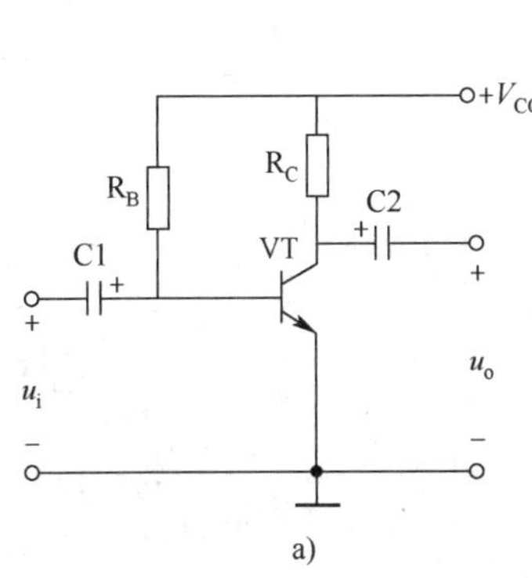

a)

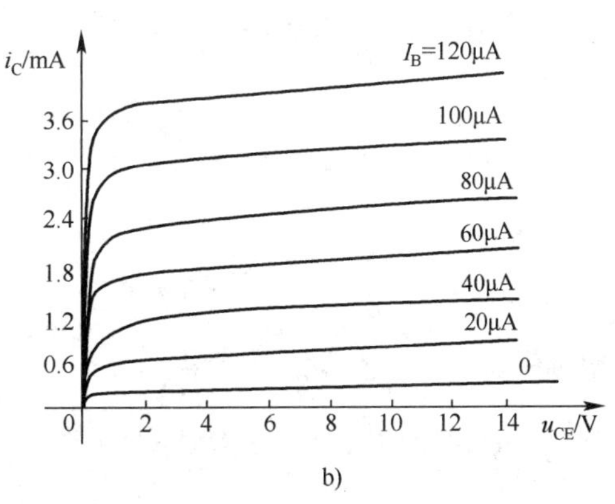

b)

图 2-14

6. 在共射基本放大电路中，假设某一参数变化而其余参数不变，试在表 2－1 相应栏目中填入增大、减小或基本不变。

表 2－1

参数变化	I_{BQ}	U_{CEQ}	$\lvert A_u \rvert$	r_i	r_o
R_B增大					
R_C增大					
R_L增大					

7. 已知图 2－15 所示电路中三极管的 $\beta=100$，$r_{BE}=1\ \text{k}\Omega$，试回答下列问题。

（1）若测得静态三极管管压降 $U_{CEQ}=6$ V，估算 R_B约为多少？

（2）若测得 u_i和 u_o的有效值分别为 1 mV 和 100 mV，则负载电阻 R_L应为多少？

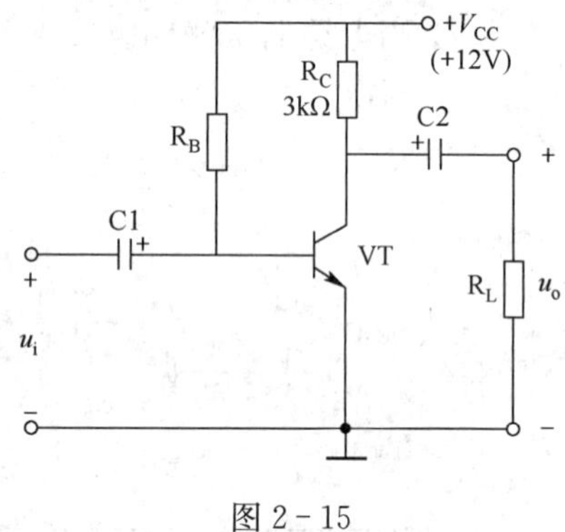

图 2－15

§2-3　分压式稳定工作点偏置电路

一、填空题

1. 在三极管基本放大电路中，通常通过调整________来消除失真。

2. 放大电路产生非线性失真的根本原因是____________________。

3. 影响放大电路静态工作点稳定的因素有__________的波动、__________参数发生变化、________变化等，其中________的影响最大。

4. 当温度变化时，三极管参数会随之变化，共射基本放大电路的静态工作点会______，通常采用________________电路可以稳定放大电器的静态工作点。

二、判断题

1. 在放大电路中，若 Q 点设置偏高，易产生饱和失真，即输出电压的正半周的顶部会被部分削平。（　　）

2. 要求放大器不产生非线性失真，其静态工作点 Q 应大致选在直流负载线的中点。（　　）

3. 放大电路静态工作点过高时，在 V_{CC} 和 R_C 不变的情况下，可增加基极电阻 R_B。（　　）

4. 造成放大电路工作点不稳定的主要因素是电源电压的波动。（　　）

5. 放大电路的静态工作点一经设定，将不会受到外界因素的影响。（　　）

6. 稳定静态工作点主要是稳定三极管的集电极电流 I_C。（　　）

三、选择题

1. 若放大电路的静态工作点设置不合适，可能会引起（　　）。

A. 放大系数降低　　B. 饱和失真或截止失真

C. 短路故障　　D. 开路故障

2. 当放大电路设置了合适的静态工作点，如果加入交流信号，则工作点将（　　）。

A. 沿直流负载线移动　　B. 沿交流负载线移动

C. 不移动　　D. 沿坐标轴上下移动

3. 某一共射基本放大电路，在冬天调试时能正常工作，但到了夏天时，发现其输出波形失真，这时发生的失真为（　　）。

A. 截止失真　　B. 饱和失真

C. 交越失真　　D. 线性失真

4. 在共射基本放大电路中，当输入信号为正弦波电压时，输出电压波形的正半周出现平顶失真，这种失真为（　　）。

A. 截止失真　　B. 饱和失真

C. 线性失真　　D. 频率失真

5. 在共射基本放大电路中，当输入信号为正弦波电压时，输出电压波形的正半周如果出现失真，应采取（　　）的措施。

A. 减小 R_B　　B. 增大 R_B

C. 减小 R_C　　D. 增大 R_C

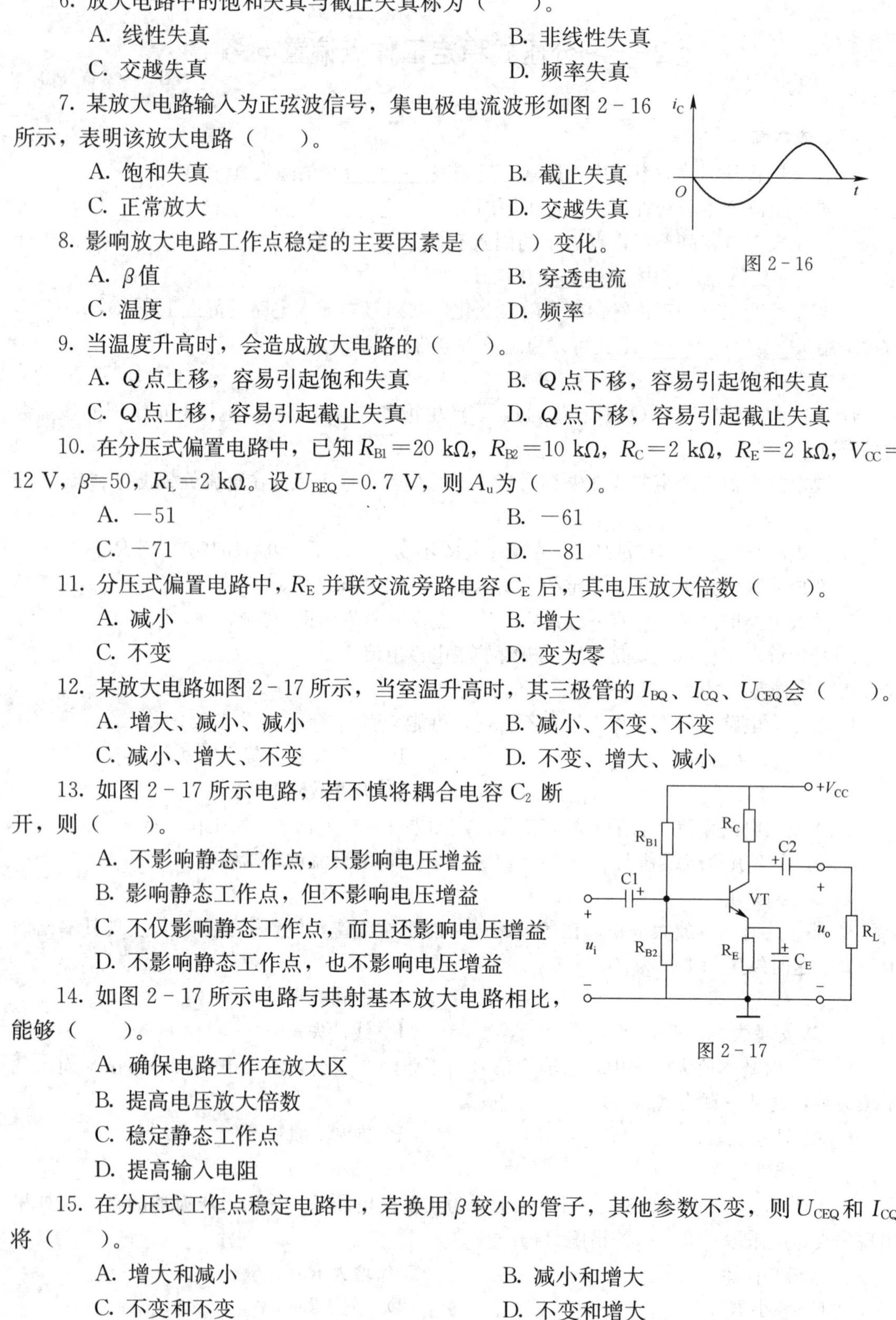

6. 放大电路中的饱和失真与截止失真称为（　　）。

A. 线性失真　　B. 非线性失真

C. 交越失真　　D. 频率失真

7. 某放大电路输入为正弦波信号，集电极电流波形如图 2-16 所示，表明该放大电路（　　）。

A. 饱和失真　　B. 截止失真

C. 正常放大　　D. 交越失真

图 2-16

8. 影响放大电路工作点稳定的主要因素是（　　）变化。

A. β 值　　B. 穿透电流

C. 温度　　D. 频率

9. 当温度升高时，会造成放大电路的（　　）。

A. Q 点上移，容易引起饱和失真　　B. Q 点下移，容易引起饱和失真

C. Q 点上移，容易引起截止失真　　D. Q 点下移，容易引起截止失真

10. 在分压式偏置电路中，已知 $R_{B1}=20\ \text{k}\Omega$，$R_{B2}=10\ \text{k}\Omega$，$R_C=2\ \text{k}\Omega$，$R_E=2\ \text{k}\Omega$，$V_{CC}=12\ \text{V}$，$\beta=50$，$R_L=2\ \text{k}\Omega$。设 $U_{BEQ}=0.7\ \text{V}$，则 A_u 为（　　）。

A. -51　　B. -61

C. -71　　D. -81

11. 分压式偏置电路中，R_E 并联交流旁路电容 C_E 后，其电压放大倍数（　　）。

A. 减小　　B. 增大

C. 不变　　D. 变为零

12. 某放大电路如图 2-17 所示，当室温升高时，其三极管的 I_{BQ}、I_{CQ}、U_{CEQ} 会（　　）。

A. 增大、减小、减小　　B. 减小、不变、不变

C. 减小、增大、不变　　D. 不变、增大、减小

13. 如图 2-17 所示电路，若不慎将耦合电容 C_2 断开，则（　　）。

A. 不影响静态工作点，只影响电压增益

B. 影响静态工作点，但不影响电压增益

C. 不仅影响静态工作点，而且还影响电压增益

D. 不影响静态工作点，也不影响电压增益

14. 如图 2-17 所示电路与共射基本放大电路相比，能够（　　）。

A. 确保电路工作在放大区

B. 提高电压放大倍数

C. 稳定静态工作点

D. 提高输入电阻

图 2-17

15. 在分压式工作点稳定电路中，若换用 β 较小的管子，其他参数不变，则 U_{CEQ} 和 I_{CQ} 将（　　）。

A. 增大和减小　　B. 减小和增大

C. 不变和不变　　D. 不变和增大

16. 在分压式偏置电路中，已知 $R_{B1}=27\ \text{k}\Omega$，$R_C=2\ \text{k}\Omega$，$R_E=1\ \text{k}\Omega$，$V_{CC}=12\ \text{V}$，设 $U_{BEQ}=0.7\ \text{V}$，现要求 $I_{CQ}=3\ \text{mA}$，则 R_{B2} 为（　　）kΩ。

A. 1.2　　B. 12

C. 36　　D. 16

17. 检查放大电路中的三极管在静态时的工作状态（即工作区），最简便的方法是测量（　　）。

A. I_{BQ}　　B. U_{BE}

C. I_{CQ}　　D. U_{CEQ}

18. 在分压式偏置电路中，若输出电压出现正、负半波均被削平的双向失真，则在不减小输入信号幅度的情况下，可采用（　　）的方法消除该失真。

A. 增大 V_{CC}　　B. 调小 R_C

C. 增大 V_{CC} 并适当调整 R_C　　D. 增大 R_B

四、综合题

1. 若发现放大电路的输出波形失真，是否说明该放大电路的静态工作点一定不合适？为什么？

2. 图 2－18 所示为 NPN 型三极管组成的共射基本放大电路，已知三极管的 $V_{CC}=12\ \text{V}$，$R_B=240\ \text{k}\Omega$，$R_C=3\ \text{k}\Omega$，试回答下列问题。

（1）若三极管的 $\beta=40$，试求静态工作点 I_{BQ}、I_{CQ}、U_{CEQ} 的值（U_{BE} 忽略不计）。

（2）若将三极管换成 $\beta=80$ 的同类型三极管，则电路能否正常工作？

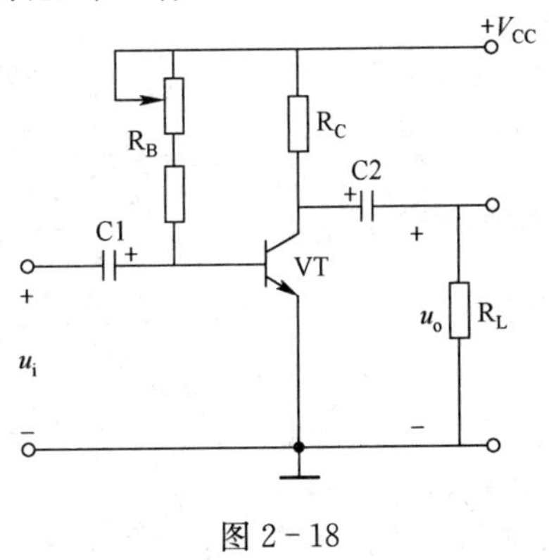

图 2－18

3. 如图 2－18 所示共射基本放大电路，设三极管的 $\beta=100$，$V_{CC}=6$ V，$R_B=300$ kΩ，$R_C=2.5$ kΩ，$R_L=10$ kΩ，电容 C1、C2 对信号可视为短路，试回答下列问题。

(1) 当输入正弦信号的幅值逐渐增大时，输出信号首先出现什么失真？

(2) 改变哪个元件的数值可以减小失真？如何改变？

4. 在如图 2－19 所示电路中，已知三极管的 $\beta=50$，$R_{B1}=60$ kΩ，$R_{B2}=20$ kΩ，$R_C=3$ kΩ，$R_E=2$ kΩ，$R_L=6$ kΩ，$V_{CC}=16$ V。

(1) 试求电路的静态工作点。

(2) 试求输入电阻和输出电阻。

(3) 试求空载和负载两种情况下的电压放大倍数。

(4) 若将三极管换成一只 $\beta=30$ 的同类型三极管，则该放大电路能否正常工作？

(5) 试分析该电路在环境温度升高时稳定静态工作点的过程。

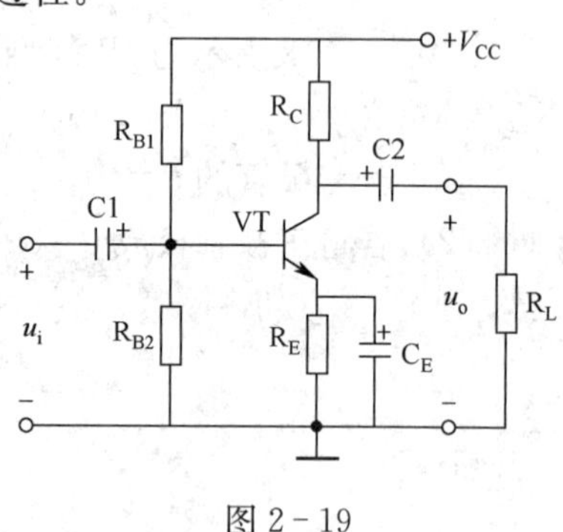

图 2－19

5. 如图 2－19 所示放大电路，设图中各电容对信号可视为短接。当出现下列情况时，该电路能否正常放大？

（1）R_C 短接；（2）R_C 开路；（3）R_{B1}开路；（4）C_E 开路；（5）C_E 短接；（6）V_{CC}极性相反。

6. 如图 2－20 所示分压式稳定工作点电路，已知三极管 3DG4 的 $\beta=60$，$U_{BEQ}=0.7$ V。

（1）估算工作点 Q。

（2）试求 A_u、r_i、r_o和 A_{us}的值。

（3）当电路其他参数不变，R_{B1}多大时，能使 $U_{CEQ}=4$ V？

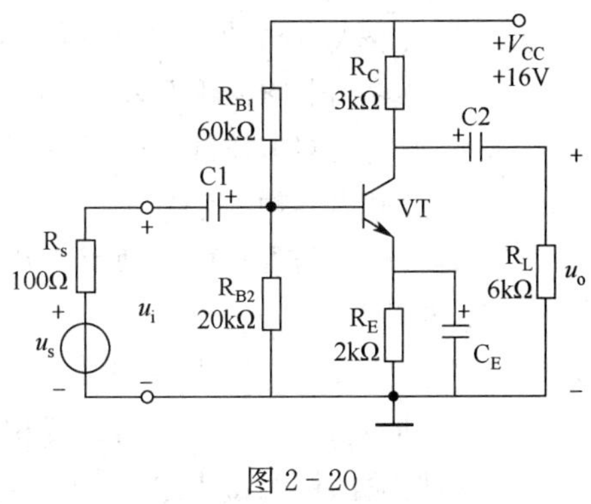

图 2－20

§2-4 共集放大电路和共基放大电路

一、填空题

1. 按输入回路与输出回路公共端的不同，放大电路可有__________、__________和__________三种基本接法。

2. 射极输出器没有________放大作用，但具有________和__________放大作用。

3. 共集放大电路在多级放大电路中具有广泛的应用。因输入电阻______，用作________，可减轻信号源的负担；因输出电阻__________，用作__________，可提高带负载能力；用作__________为隔离级。

4. 共基放大电路的电压放大倍数为__________，输出电压与输入电压相位______，其电压放大倍数的数值与__________放大器相同。

5. 共基放大电路的电流放大倍数____1 且接近于 1，其功能接近于__________。

6. 通常__________放大电路要求输入电阻高，输出电阻低；__________放大电路要求输入电阻低，输出电阻高。在三种组态的放大电路中，只有__________放大电路同时具有电压和电流放大作用。

7. 有源负载是利用三极管工作在__________区时，集电极电流只受基极电流控制而与管压降无关的特性构成电路。

二、判断题

1. 共集放大电路的电压放大倍数总小于 1，故不能实现功率放大。（　　）

2. 射极输出器输入电阻小，输出电阻大，没有放大作用。（　　）

3. 射极输出器电压放大倍数小于 1 而接近于 1，所以射极输出器不是放大器。（　　）

4. 射极输出器输出信号电压 u_o 与输入信号电压 u_i 相差 U_{BEQ}。（　　）

5. 共基放大器没有电流放大作用。（　　）

三、选择题

1. 在共集放大电路中，若输入电压为正弦波形，则 u_o 和 u_i 的相位（　　）。

A. 同相　　B. 反相　　C. 相差 90°　　D. 不确定

2. 射极输出器的特点之一是（　　）。

A. 输入电阻大，输出电阻大　　B. 输入电阻小，输出电阻大

C. 输入电阻大，输出电阻小　　D. 输入电阻小，输出电阻小

3. 关于共集放大电路，下列说法错误的是（　　）。

A. 无任何放大作用　　B. 无反相作用

C. 输入电阻高，输出电阻低　　D. 输出电压与输入电压近似相等

4. 可以放大电流，但不能放大电压的是（　　）组态放大电路。

A. 共射　　B. 共集　　C. 共基　　D. 不确定

5. 在单级共基放大电路中，若输入电压为正弦波形，则 u_o 和 u_i 的相位（　　）。

A. 相同　　B. 相反　　C. 相差 90°　　D. 不确定

6. 既能放大电压也能放大电流的是（　　）组态放大电路。

A. 共射　　　　B. 共集　　　　C. 共基　　　　D. 不确定

7. 关于共射放大电路，以下说法正确的是（　　）。

A. 只具有放大电压的能力，不具备放大电流的能力

B. 既能放大电压又能放大电流

C. 只能放大电流，不能放大电压

D. 只能放大电压，不能放大电流

8. 可以放大电压，但不能放大电流的是（　　）组态放大电路。

A. 共射　　　　B. 共集　　　　C. 共基　　　　D. 不确定

9. 一般作为多级放大电路输入级、输出级、阻抗变换及缓冲（隔离级）的是（　　）组态。

A. 共射　　　　B. 共集　　　　C. 共基　　　　D. 以上都正确

10. 为了使高阻输出的放大电路与低阻负载实现很好的配合，可以在高阻输出的放大电路与负载之间插入（　　）电路。

A. 共射放大　　　　B. 共集放大　　　　C. 共基放大　　　　D. 功率放大

11. 在共射、共集和共基 3 种组态放大电路中，电压放大倍数小于 1 的是（　　）组态。

A. 共射　　　　B. 共集　　　　C. 共基　　　　D. 不确定

12. 在共射、共集和共基 3 种组态放大电路中，若希望带负载能力强，应选用（　　）组态。

A. 共射　　　　B. 共集　　　　C. 共基　　　　D. 以上均可

13. 在共射、共集和共基 3 种组态放大电路中，输入电阻最小的是（　　）组态。

A. 共射　　　　B. 共集　　　　C. 共基　　　　D. 不确定

14. 在共射、共集和共基 3 种组态放大电路中，输出电阻最小的是（　　）组态。

A. 共射　　　　B. 共集　　　　C. 共基　　　　D. 不确定

四、综合题

如图 2－21 所示共集放大电路，已知三极管的 $\beta=100$，$U_{BEQ}=0.7\ V$。

(1) 试估算静态工作点 I_{CQ}、U_{CEQ}的值。

(2) 试求电压放大系数 A_u和输入电阻 r_i。

(3) 若信号源内阻 $R_s=1\ k\Omega$，$u_s=2\ V$，试求输出电压 u_o和输出电阻 r_o的大小。

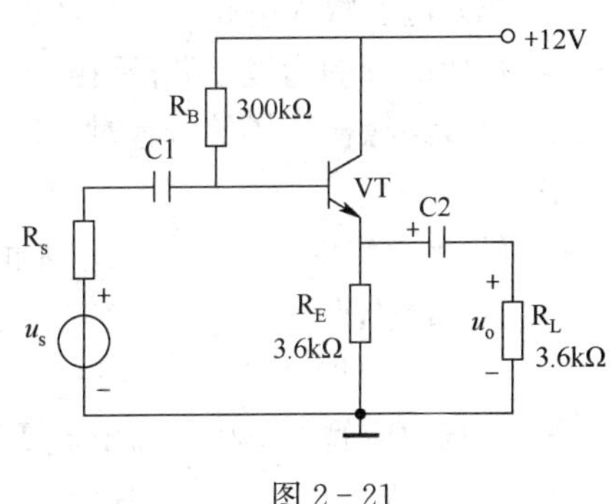

图 2－21

§2-5　场效应管放大电路

一、填空题

1. 三极管是一种______控制型器件，它是利用____________控制__________的；场效应管是一种______控制型器件，它是利用____________________控制__________的。

2. 场效应管按其结构不同可分为__________和__________两类。

3. 绝缘栅场效应管简称__________管，分为__________沟道和__________沟道两类，每一类又分为__________型和__________型两种。

4. 场效应管的三个引脚__________、__________和__________分别对应三极管的发射极 E、基极 B 和集电极 C。

5. 场效应管图形符号，衬底箭头向内的，表示__________沟道，否则表示__________沟道；D 极和 S 极间为虚线的是__________型，连续线的是__________型。

6. 场效应管的工作区分为__________区、__________区和__________区。当场效应管组成放大电路时，应使它工作在__________区。

7. 对于增强型场效应管，只有当栅—源电压达到__________电压时，才能形成导电通道，产生__________电流。对于耗尽型场效应管，只有当栅—源电压达到某一值时，才能使栅源间的电流为零，此时的栅—源电压称为__________。

8. 场效应管的主要参数有__________、__________和__________。

9. N 沟道 MOS 管和 P 沟道 MOS 管组成的互补电路，称为__________管。

10. 由于场效应管栅极不取电流，所以共源和共漏放大电路的输入电阻都远比共射和共集放大电路的电阻__________。

11. 取用场效应管时应在手腕上套一接地金属箍，以消除__________的影响。

二、判断题

1. 结型场效应管外加栅—源电压应使栅源间的耗尽层承受反向电压，才能保证其 R_{GS} 大的特点。（　）

2. 若耗尽型 N 沟道 MOS 管的 U_{GS} 大于零，则其输入电阻会明显变小。（　）

3. 场效应管放大电路三种接法的性能特点与三极管放大电路相似。（　）

4. 场效应管的漏极和源极可互换使用。（　）

5. 存放绝缘栅型场效应管时，应将三个极开路，防止栅极击穿。（　）

三、选择题

1. $U_{GS}=0$ V 时，不能够工作在恒流区的场效应管是（　）。

A. 结型管　　B. 增强型 MOS 管

C. 耗尽型 MOS 管

2. 当场效应管的漏极直流电流 I_D 从 2 mA 变为 4 mA 时，它的低频跨导 g_m 将（　）。

A. 增大　　B. 不变　　C. 减小

3. 场效应管是利用外加电压产生的（　）来控制漏极电流大小的。

A. 电流　　B. 电场　　C. 电压

4. 与双极型晶体管相比，场效应管（　　）。

A. 输入电阻小　　B. 制作工艺复杂　　C. 输入电阻大

5. 当场效应管的漏极直流电流从 2 mA 变为 3 mA 时，它的低频跨导将（　　）。

A. 增大　　B. 减小　　C. 不变

四、综合题

改正图 2－22 所示各电路的错误，使它们有可能放大正弦波电压。要求保留电路的共源接法。

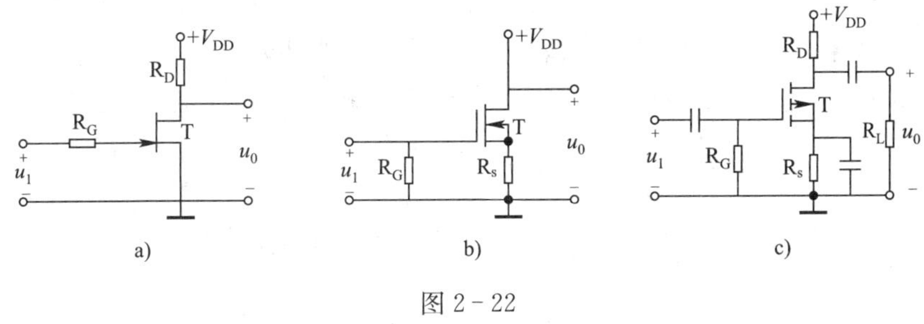

图 2－22

§2－6　多级放大电路

一、填空题

1. 多级放大电路的第一级为________级，也称为前置级；最后一级为________级，也称为________级。

2. 多级放大电路中各单级电路之间的连接称为________，常用的方式有________、________、________和________。

3. 多级放大电路中每级放大电路的电压放大倍数分别为 A_{u1}、A_{u2}、…、A_{un}，则总的电压放大倍数 A_u＝________________。如果用增益表示，则多级放大电路的总增益 G_u＝________dB。

4. 在多级放大电路中，________的输入电阻是________的负载；________的输出电阻是________的信号源内阻。

5. 既能放大交流信号又能放大直流信号的是________耦合放大电路。

6. 放大电路电压放大倍数与频率之间的关系称为________，也称为________，它包括________和________。

7. 放大电路对不同频率信号的放大倍数不同，由此引起的失真称为________失真；由于不同频率产生不同的附加相移而引起的失真称为__________失真，总称为__________失真。

二、判断题

1. 采用阻容耦合的放大电路，前、后级的静态工作点互相影响。（　　）
2. 采用变压器耦合的放大电路，前、后级的静态工作点互不影响。（　　）
3. 采用直接耦合的放大电路，前、后级的静态工作点互相牵制。（　　）
4. 多级放大电路总的电压放大倍数等于各级电压放大倍数之和。（　　）
5. 直流放大器级间耦合常采用阻容耦合方式或变压器耦合方式。（　　）
6. 分析多级放大电路时，可以把后级放大电路的输出电阻看成前级电路的负载电阻。（　　）

三、选择题

1. 某多级放大电路由三级基本放大电路组成，已知每级电压放大倍数均为 A_u，则总的电压放大倍数为（　　）。

A. $3A_u$　　B. A_u^3

C. A_u　　D. $A_u/3$

2. 关于变压器耦合多级放大器，下列说法正确的是（　　）。

A. 放大直流信号　　B. 放大缓慢变化的信号

C. 便于集成化　　D. 各级静态工作点互不影响

3. 阻容耦合多级放大电路的输入电阻等于（　　）。

A. 第一级输入电阻　　B. 各级输入电阻

C. 各级输入电阻之积　　D. 末级输出电阻

4. 一个三级放大电路，工作时测得 $A_{u1}=100$，$A_{u2}=-50$，$A_{u3}=1$，则电路总的电压放大倍数是（　　）。

A. 51　　B. 100

C. −5 000　　D. 1

5. 阻容耦合多级放大电路（　　）。

A. 只能传递直流信号　　B. 只能传递交流信号

C. 交、直流信号都能传递　　D. 交、直流信号都不能传递

6. 放大器与负载要做到阻抗匹配，应采用（　　）。

A. 直接耦合　　B. 阻容耦合

C. 变压器耦合　　D. 光电耦合

7. 若两级放大电路，$A_{u1}=-40$，$A_{u2}=-50$，当输入电压 $U_i=5$ mV 时，则输出电压 U_o为（　　）。

A. −200 mV　　B. −250 mV

C. 10 V　　D. 100 V

8. 在多级放大电路的几种耦合方式中，（　　）耦合能放大缓慢变化的交流信号或直流信号。

A. 阻容　　B. 直接

C. 变压器　　D. 光电

9. 多级放大电路（　　）。

A. 既能提高电压增益，又能展宽通频带

B. 能提高放大倍数，但通频带变窄

C. 能提高放大倍数，不一定能展宽通频带

D. 能减小放大倍数，但通频带变宽

10. 关于通频带，下列公式正确的是（　　）。

A. $f_{BW}=f_L+f_H$　　B. $f_{BW}=f_H$

C. $f_{BW}=f_H-f_L$　　D. $f_{BW}=f_Hf_L$

四、综合题

某三级放大电路，测得 $A_{u1}=A_{u2}=100$，$A_{u3}=10$，试求：

（1）总电压放大倍数。

（2）总增益。

§2-7　放大电路中的负反馈

一、填空题

1. 将输出量（电压或电流）的一部分或全部通过一定的电路形式送回到__________，并对输入量产生影响的过程称为________。

2. 反馈放大电路由__________电路和____________电路组成。

3. 所谓电压反馈，是指反馈信号取自放大电路的______________，取样环节与放大电路输出端________；所谓电流反馈，是指反馈信号取自放大电路的______________，取样环节与放大电路输出端________。

4. 反馈信号在输入端是与信号源串联的称为______反馈，反馈信号以______形式出现；反馈信号与信号源并联的称为__________反馈，反馈信号以______形式出现。

5. 在放大电路中，为了稳定静态工作点，应该引入________负反馈；为了增大电路的输入电阻，应该引入______负反馈；为了稳定输出电压，应该引入______负反馈。

6. 由偶数级共射基本电路组成的多级放大电路，输出电压和输入电压的相位______；由奇数级共射基本电路组成的多级放大电路，输出电压和输入电压的相位__________。

7. 反馈信号增强原输入信号的反馈称为____________，反馈信号减弱原输入信号的反馈称为______________。

8. 同时考虑反馈网络的输入回路和输出回路，则负反馈电路可分为四种基本类型：________________、______________、______________和______________。

9. 放大电路引入交流负反馈，电压放大倍数________，放大倍数的稳定性________。

10. 当________时，称为深度负反馈，此时闭环放大倍数为__________。

11. 当引入深度负反馈时，通常将忽略净输入电压称为________，将忽略净输入电流称为________。利用这种特性可大大简化对深度负反馈放大电路放大倍数的计算过程。

二、判断题

1. 反馈信号与输入信号的相位相同称为负反馈。（　　）
2. 负反馈可以使放大倍数提高。（　　）
3. 串联反馈就是电流反馈，并联反馈就是电压反馈。（　　）
4. 若将负反馈放大器的输出端短路，则反馈信号也一定随之消失。（　　）
5. 电压反馈送回到放大电路输入端的信号是电压，电流反馈送回到放大电路输入端的信号是电流。（　　）
6. 反馈到放大电路输入端的信号极性和原来假设的输入端信号极性相同为正反馈，相反为负反馈。（　　）
7. 电压串联负反馈可提高放大电路的输入电阻和电压放大倍数。（　　）
8. 负反馈可提高放大电路放大倍数的稳定性。（　　）
9. 负反馈可以消除放大电路的非线性失真。（　　）
10. 负反馈对放大电路的输入电阻和输出电阻都有影响。（　　）
11. 放大电路中的反馈信号只能是电压，不能是电流。（　　）
12. 负反馈能改善放大电路的性能。（　　）
13. 负反馈可以减小信号本身的固有失真。（　　）

三、选择题

1. 对于放大电路，所谓开环是指（　　）。

A. 无信号源　　B. 无反馈通路

C. 无电源　　D. 无负载

2. 欲使放大电路净输入信号削弱，应采用的反馈类型是（　　）。

A. 串联反馈　　B. 并联反馈

C. 正反馈　　D. 负反馈

3. 送回到放大电路输入端的信号是电流，则该反馈类型是（　　）。

A. 电流反馈　　B. 电压反馈

C. 并联反馈　　D. 串联反馈

4. 判别放大电路属于正反馈还是负反馈的方法是（　　）。

A. 输出端短路法　　B. 瞬时极性法

C. 输入端短路法　　D. 输入端开路法

5. 要提高放大电路的输入电阻，并且使输出电压稳定，可以采用（　　）。

A. 电压串联负反馈　　B. 电压并联负反馈

C. 电流串联负反馈　　D. 电流并联负反馈

6. 以下不属于负反馈对放大电路性能影响的是（　　）。

A. 提高放大倍数的稳定性　　B. 改善非线性失真

C. 影响输入输出电阻　　D. 使通频带变窄

7. 射极输出器是典型的（　　）放大电路。

A. 电压串联负反馈　　B. 电流串联负反馈

C. 电压并联负反馈　　D. 电流并联负反馈

8. 在如图 2－23 所示电路中采用的是（　　）。

A. 交流负反馈　　B. 直流负反馈

C. 交直流负反馈　　D. 直流正反馈

9. 图 2－24 所示电路为（　　）。

A. 电压并联直流负反馈　　B. 电流并联交直流负反馈

C. 电流串联交直流负反馈　　D. 电压串联交直流负反馈

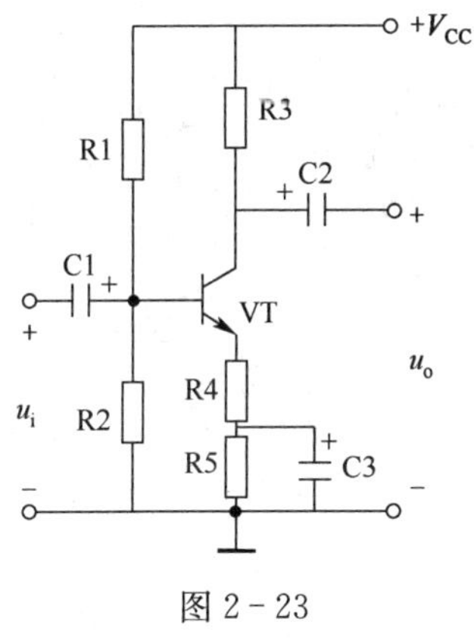

图 2－23

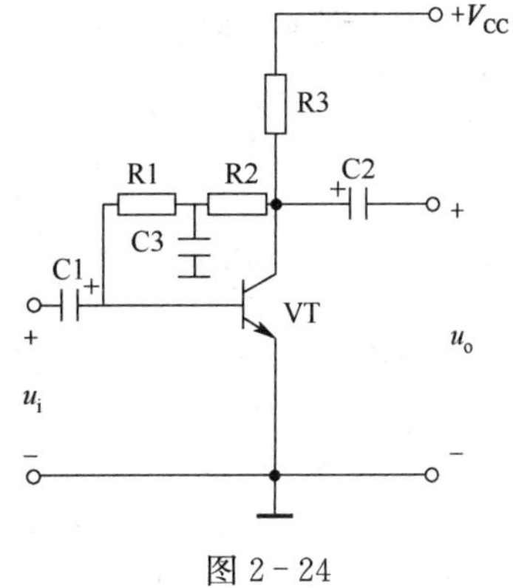

图 2－24

10. 串联负反馈使放大电路输入电阻（　　）。

A. 增大　　B. 不变

C. 减小　　D. 不确定

11. 若要放大电路取用信号源的电流小，且带负载能力强，则在放大电路中应引入的负反馈类型为（　　）反馈。

A. 电流串联　　B. 电压串联

C. 电流并联　　D. 电压并联

12. 可改善放大电路各种性能的是（　　）。

A. 正反馈　　B. 负反馈

C. 正反馈和负反馈　　D. 正反馈或负反馈均可

13. 若希望展宽通频带，可以采用（　　）。

A. 直流负反馈　　B. 直流正反馈

C. 交流负反馈　　D. 交流正反馈

四、综合题

1. 如图 2-25 所示反馈放大电路，试回答下列问题。

(1) 各图分别属于哪种反馈类型（只判断级间反馈类型）？

(2) 若图中所有电容对交流信号均可视为短路，请说明各反馈对输入电阻、输出电阻的影响。

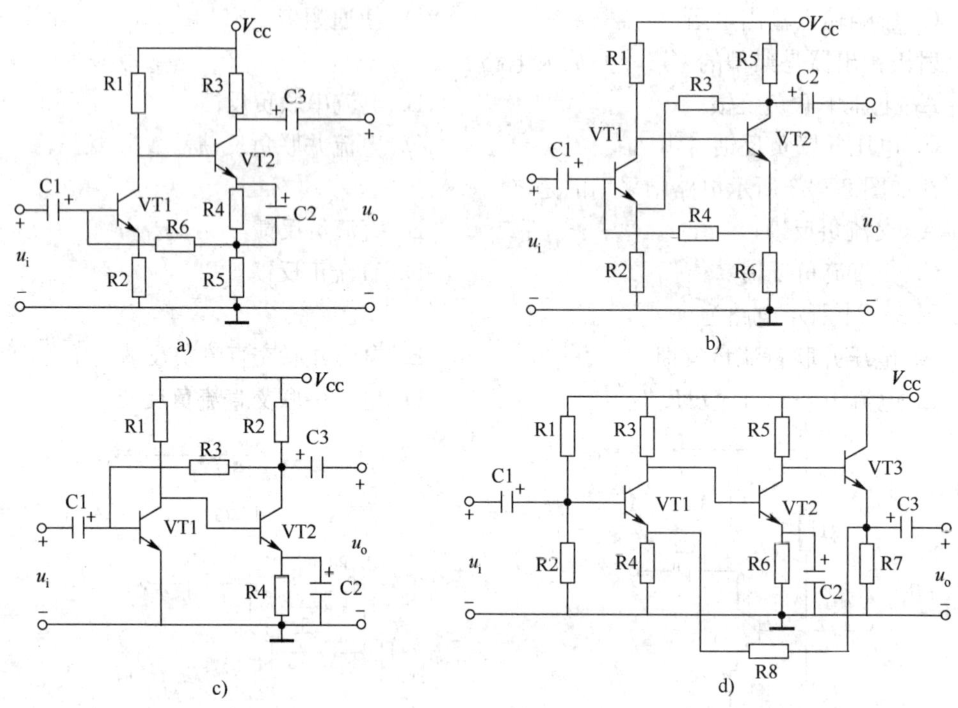

图 2-25

2. 某两级放大电路，如果前级是电压负反馈电路，后级是并联负反馈电路，是否合理？为什么？如果前级是电流负反馈电路，后级是串联负反馈电路，是否合理？为什么？

3. 为获得一个电压控制的电流源，应采用哪种类型的负反馈？为获得一个电流控制的电流源，又应采用哪种类型的负反馈？

4. 某多级放大电路如图 2-26 所示，试回答下列问题。

（1）电路中哪几级采用了射极输出器，分别起什么作用？

（2）VT1 管通过耦合电容器 C2 将发射极和基极相连接，采用了什么性质的反馈？

（3）C6、R16、RP 采用了什么性质的反馈？起什么作用？

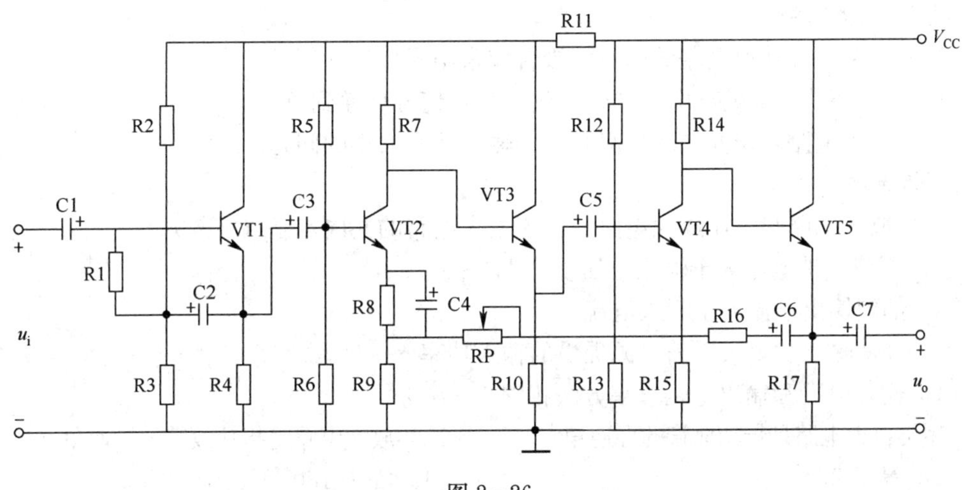

图 2-26

§2-8 功率放大电路

一、填空题

1. 功率放大电路的主要任务是____________________________。功率放大器按静态工作点位置不同可分为________放大电路、________放大电路和________放大电路三类。

2. 常用功率放大电路按输出耦合方式不同可分为____________________功率放大电路、________________功率放大电路和________________功率放大电路。

3. OTL 功率放大电路是由两个对称的__________输出器组合而成，只是两只配对三极管类型不同，各输出放大信号________，通过负载合成为完整的放大信号。

4. 由于功放管的电流和电压都较大，自身功率消耗也大，因此，必须考虑功放管的__________问题，以保证其工作的安全性。

5. 双电源供电的互补对称功放电路简称__________电路，单电源供电的互补对称功放电路简称__________电路。

二、判断题

1. 近似估算法可以应用于功率放大电路。（　　）

2. 功率放大电路的最大输出功率是指在基本不失真的情况下，负载上可能获得的最大交流功率。（　　）

3. 乙类功率放大电路静态时，$I_{CQ} \approx 0$，所以静态功率几乎为零，效率高。（　　）

4. 甲类功率放大电路的效率低，主要是因为静态工作点选在交流负载线的中点，所以静态电流 I_{CQ} 较大所致。（　　）

5. 组成互补对称功放电路的两只三极管应采用同型号的管子。（　　）

6. OTL 功率放大器输出电容的作用仅仅是将信号传递到负载。（　　）

7. 功率放大电路要研究的问题只是一个输出功率大小的问题。（　　）

三、选择题

1. 功率放大电路与电压放大电路、电流放大电路的共同点是（　　）。

A. 都使输出电压大于输入电压

B. 都使输出电流大于输入电流

C. 都使输出功率大于信号源提供的输入功率

D. 输入电阻和输出电阻求解方法相同

2. 甲类放大电路是指功放管的导通角（　　），乙类放大电路是指功放管的导通角（　　）。

A. 等于 360°　　B. 等于 180°

C. 大于 180°　　D. 小于 360°

3. 某功放的静态工作点在交流负载线的中点，这种情况下功放的工作状态称为（　　）。

A. 甲类　　B. 乙类

C. 甲乙类　　D. 丙类

4. 乙类互补对称功率放大电路正常工作时，三极管工作在（　　）状态。

A. 放大　　B. 饱和

C. 截止　　D. 放大或截止

5. 在 OCL 功率放大电路中，两只三极管的特性和参数均相同，并且一定是（　　）。

A. NPN 管与 NPN 管　　B. PNP 管与 PNP 管

C. NPN 管与 PNP 管　　D. 硅管和锗管

6. 功率放大电路最基本的特点是（　　）。

A. 输出信号电压大　　B. 输出信号电流大

C. 输出信号电压和电流均大　　D. 输出信号电压大、电流小

7. 实际应用的互补对称功率放大电路属于（　　）。

A. 甲类放大电路　　B. 乙类放大电路

C. 电压放大电路　　D. 甲乙类放大电路

8. OCL 电路采用的直流电源是（　　）。

A. 正电源　　B. 负电源

C. 正、负双电源　　D. 不能确定

9. OCL 电路输入、输出端的耦合方式为（　　）。

A. 直接耦合　　B. 阻容耦合

C. 变压器耦合　　D. 以上都有可能

四、综合题

1. 试比较功率放大电路与小信号电压放大电路的差异。

2. 根据静态工作点的设置不同，功率放大电路可分为哪几种主要类型？一些音响设备对音质要求很高，而音质会受到交越失真的影响，较大的交越失真会使音质降低，这时选用哪种类型的功率放大电路更为合适？

3. 如图 2－27 所示电路接法，哪些可以构成复合管？标出它们的等效管类型（如 NPN 型、PNP 型）及管脚代号（b、e、c）。

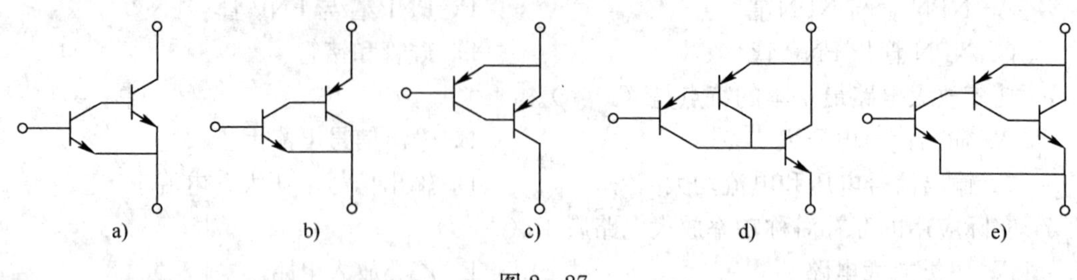

图 2－27

第三章　集成运算放大器及其应用

§3-1　认识集成运算放大器

一、填空题

1. 集成运算放大器是一种多级________高增益的集成放大电路，其内部一般由________、________、________和________组成。

2. 集成运放的封装形式有________、________、________和______等多种。

3. 集成运放采用多级直接耦合方式，为克服零点漂移，输入级一般采用________电路。

4. 集成运放有________和________两个输入端以及一个输出端。

5. 直接耦合放大电路的缺点是________现象能通过逐级放大反映在输出端。

6. 产生零漂的原因有________和________，其中________至关重要。

7. 差分放大电路具有________的电路结构，灵活的________方式。

8. 两个大小________且相位________的输入信号称为共模信号；两个大小________且极性________的输入信号称为差模信号。

9. 一个性能良好的差分放大电路，对________信号应有很高的放大倍数，对________信号应有足够的抑制能力。

10. 衡量差分放大电路性能优劣的主要指标是________。

11. 差分放大电路的共模抑制比是指________和________之比。其值越高，则________的能力越强，理想情况下应是________。

12. 集成运放的电压传输特性分为两部分，其中中间很陡的斜线部分称为________区，在此区输出电压随输入电压线性变化；斜线之外的区域称为________区，在该区输出电压只有两种情况：________电压和________电压。

13. 分析集成运放时，通常把它看成是一个理想元件，即开环电压放大倍数 $A_{uo}=$______；差模输入电阻 $r_i=$________；开环输出电阻 $r_o=$________；共模抑制比 $K_{CMR}=$________，没有失调现象。

二、判断题

1. 因为集成运放的实质是高放大倍数的多级直流放大电路，所以它只能放大直流信号。（　　）

2. 偏置电路不属于集成运放的组成部分。（　　）

3. 直接耦合放大电路能够放大缓慢变化的信号和直流信号，但不能放大漂移信号。（　　）

4. 共模抑制比越小，差分放大电路的性能越好。（　　）

5. 理想差分放大电路对共模信号没有放大作用，放大的只是差模信号。（　　）

6. 差分放大电路的共模放大倍数实际上为零。（　　）

7. 集成运放的引出端只有三个。（　　）

8. 当集成运放工作在非线性区时，输出电压不是高电平就是低电平。（　　）

三、选择题

1. 克服零点漂移最有效且最常用的是（　　）。

A. 放大电路　　B. 振荡电路

C. 差分放大电路　　D. 滤波电路

2. 差分放大电路是利用（　　）抑制零漂的。

A. 电路的对称性　　B. 共模负反馈

C. 电路的对称性和共模负反馈　　D. 差模负反馈

3. 在差分放大电路中，当 $U_{i1}=300$ mV，$U_{i2}=200$ mV 时，将其分解为共模输入信号为（　　）mV。

A. 500　　B. 100

C. 250　　D. 50

4. 差分放大电路由双端输入变为单端输入，则差模放大倍数（　　）。

A. 增加一倍　　B. 为双端输入时的 1/2

C. 不变　　D. 不确定

5. 在如图 3-1 所示的带调零电位器的差分放大电路中，只对共模信号有负反馈作用的元件是（　　）。

A. RP　　B. R_E

C. R1 或 R2　　D. R_{C1} 或 R_{C2}

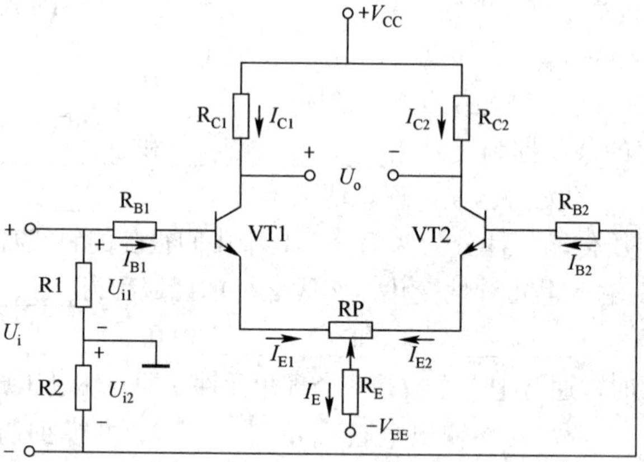

图 3-1

6. 下列说法正确的是（　　）。

A. R_E大时，克服零漂的作用就小　　B. R_E大时，克服零漂的作用就大

C. R_E小时，克服零漂的作用就大　　D. R_E的大小与克服零漂的作用无关

7. 差分放大电路在差模输入时的放大倍数与单管放大电路的放大倍数的关系为（　　）。

A. 一半　　B. 相等

C. 二者之和　　　　　　　　　　　　D. 二者之积

8. 差分放大电路的差模信号是两个输入端信号的（　　），共模信号是两个输入端信号的（　　）。

A. 和　　　　　　　　　　　　　　　B. 差

C. 积　　　　　　　　　　　　　　　D. 平均值

四、综合题

集成运放的输入级为什么要采用差分放大电路？对集成运放的中间级和输出级各有什么要求？一般采用什么样的电路形式？

§3-2　集成运放的线性应用

一、填空题

1. 集成运放线性应用时，电路中必须引入________才能保证集成运放工作在________区，它的输出电压与输入电压满足关系______________。

2. 理想集成运放工作在线性区时，两输入端电位__________，输入电流为__________。

3. ________比例运算电路中集成运放反相输入端为“虚地”，而______比例运算电路中集成运放两个输入电位相等，但并不等于地电位，所以输入端不存在“虚地”。

4. 比例运算放大器有三种常见的电路形式，即______________________比例运算电路、__________________比例运算电路和______________________运算电路。

5. 利用_______________运算电路可实现延时、定时和变换，在自动控制系统中可以____________过渡过程所形成的冲击，使外加电压缓慢上升，避免机械损坏。在自动控制电路中，__________运算电路常用于产生控制脉冲。

二、判断题

1. 凡是运算电路都可利用“虚短”和“虚断”的概念求解。（　　）

2. 反相器既能使输入信号反相，又具有电压放大作用。（　　）

3. 电压跟随器的开环电压放大倍数等于 1。（　　）

4. 运算电路中一般都会引入负反馈。（　　）

5. “虚地”是指虚假接地，并不是真正接地。（　　）

6. 处于线性工作状态的集成运放，反相输入端可“虚地”处理。（　　）

7. 加法运算电路有反相加法电路和同相加法电路之分。（　　）

8. 差分输入比例运算电路的输出信号与两输入信号的差值成正比。（　　）

9. 在分析积分运算电路和微分运算电路时，不能用“虚短”和“虚断”进行分析。（　　）

10. 积分运算电路和微分运算电路的差别是电容元件的位置不同。（　　）

11. 积分运算电路和微分运算电路均属于反相运算电路。（　　）

三、选择题

1. 集成运放工作在线性区的必要条件是（　　）。

A. 引入正反馈　　B. 引入深度负反馈

C. 处于开环状态　　D. 不外接任何元件

2. 深度负反馈可使集成运放进入（　　）。

A. 非线性区　　B. 线性工作区

C. 放大区　　D. 截止或饱和区

3. 理想运算放大器的两个重要概念是（　　）。

A. 虚地与反相　　B. 虚短与虚地

C. 虚短与虚断　　D. 虚断与虚地

4. 反相比例运算电路的反馈类型是（　　）。

A. 电压串联负反馈　　B. 电压并联负反馈

C. 电流串联负反馈　　D. 电流并联负反馈

5. 反相比例运算电路的一个重要特点是（　　）。

A. 反相输入端为虚地　　B. 输入电阻大

C. 电流并联负反馈　　D. 电压串联负反馈

6. 在同相输入运算放大电路中，R_f为电路引入了（　　）。

A. 电压串联负反馈　　B. 电压并联负反馈

C. 电流串联负反馈　　D. 电流并联负反馈

7. 同相比例运算电路在分析时不用（　　）的概念。

A. 虚短　　B. 虚断

C. 虚地　　D. 共模抑制比

8. （　　）比例运算电路输入电阻很大。

A. 同相输入　　B. 反相输入

C. 差分输入　　D. 共模输入

9. （　　）比例运算电路的特例是电压跟随器，它具有 r_i很大和 r_o很小的特点，常用作缓冲器。

A. 同相　　B. 反相

C. 差分　　D. 比较

10. 由理想运放构成的线性应用电路，其增益与运放本身的参数（　　）。

A. 有关　　B. 无关

C. 有无关系不确定　　D. 关系不大

11. 积分运算电路通过（　　）引入负反馈。

A. 电阻　　B. 电容

C. 电阻和电容　　D. 平衡电阻

12. 基本微分电路中的电容器接在电路的（　　）。

A. 反相输入端

B. 同相输入端

C. 反相端与输出端之间

D. 同相端与输出端之间

13. 已知某电路输入电压和输出电压的波形如图 3－2 所示，该电路可能是（　　）。

A. 积分运算电路

B. 微分运算电路

C. 过零比较器

D. 迟滞比较器

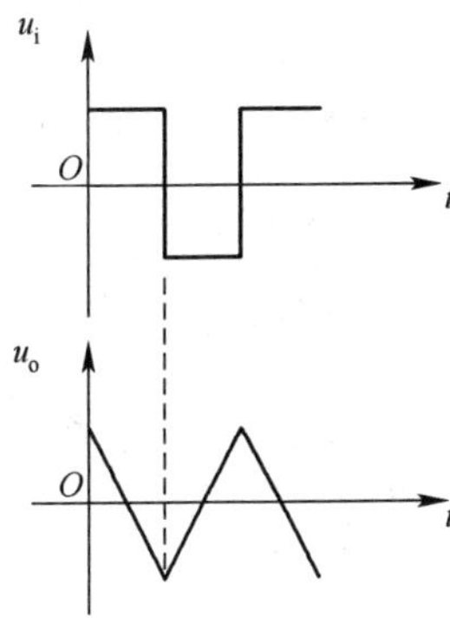

图 3－2

四、综合题

1. 什么叫“虚短”“虚地”“虚断”？什么情况下会存在“虚地”？

2. 图 3－3 所示为应用集成运放测量电阻的原理图，输出端接有满量程为 5 V、500 μA 的电压表，当电压表指示 5 V 时，试计算被测电阻 R_X的阻值。

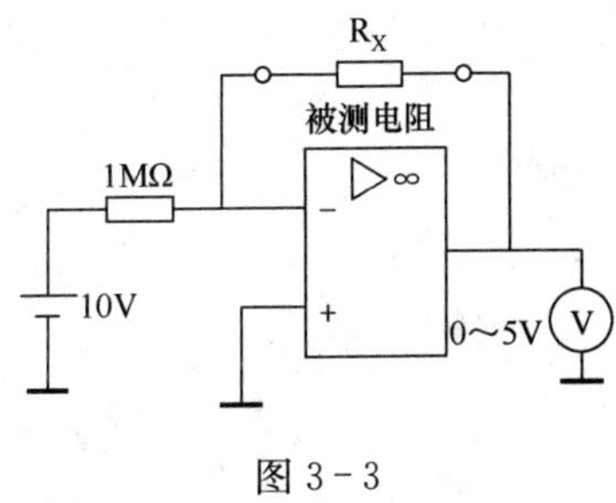

图 3－3

3. 指出图 3－4 属于什么电路，并计算 R1 的阻值。

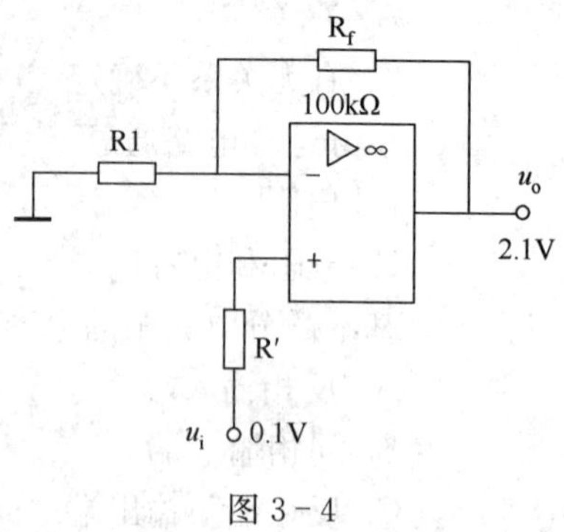

图 3－4

4. 在如图 3－5 所示电路中，已知 $R_f=2R_1$，$u_i=2$ V，试求输出电压 u_o。

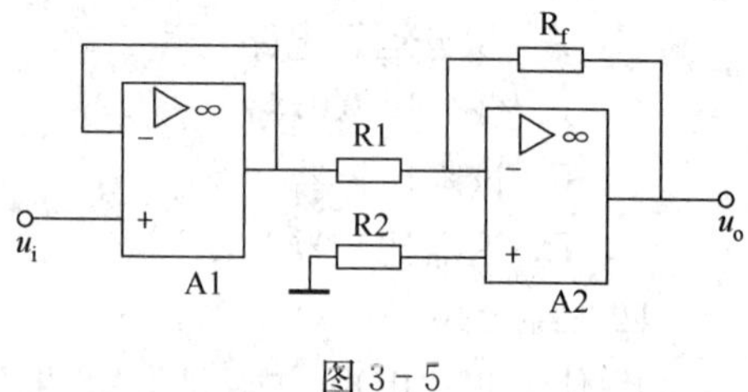

图 3－5

5. 在如图 3－6 所示电路中，已知 $R_1=3$ kΩ，$R_2=10$ kΩ，$R_3=10$ kΩ，$R_{f1}=51$ kΩ，$R_{f2}=24$ kΩ，$u_{i1}=0.1$ V，$u_{i2}=0.5$ V，试求 u_{o1} 和 u_o。

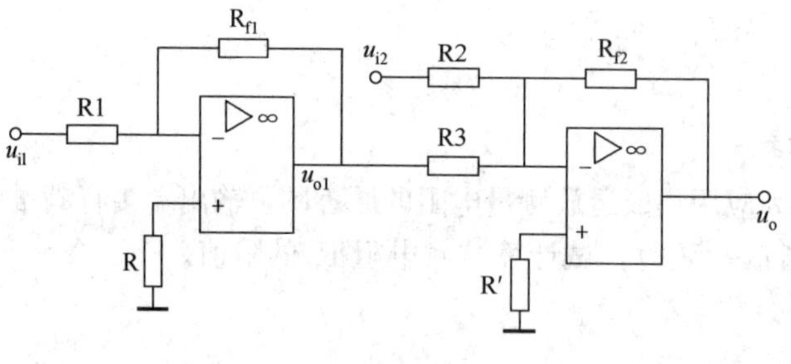

图 3－6

6. 在如图 3 - 7 所示理想运放电路中，若 $u_{i1}=-2$ V，$u_{i2}=3$ V，$u_{i3}=4$ V，$u_{i4}=-5$ V，求 u_o的值。

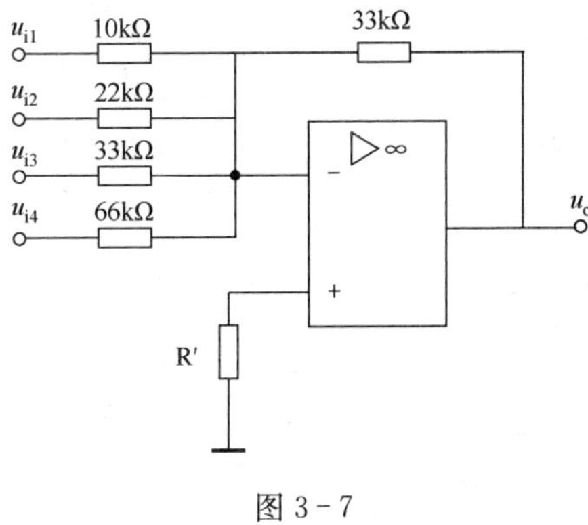

图 3 - 7

7. 试求如图 3 - 8 所示集成运放的输出电压 u_o。

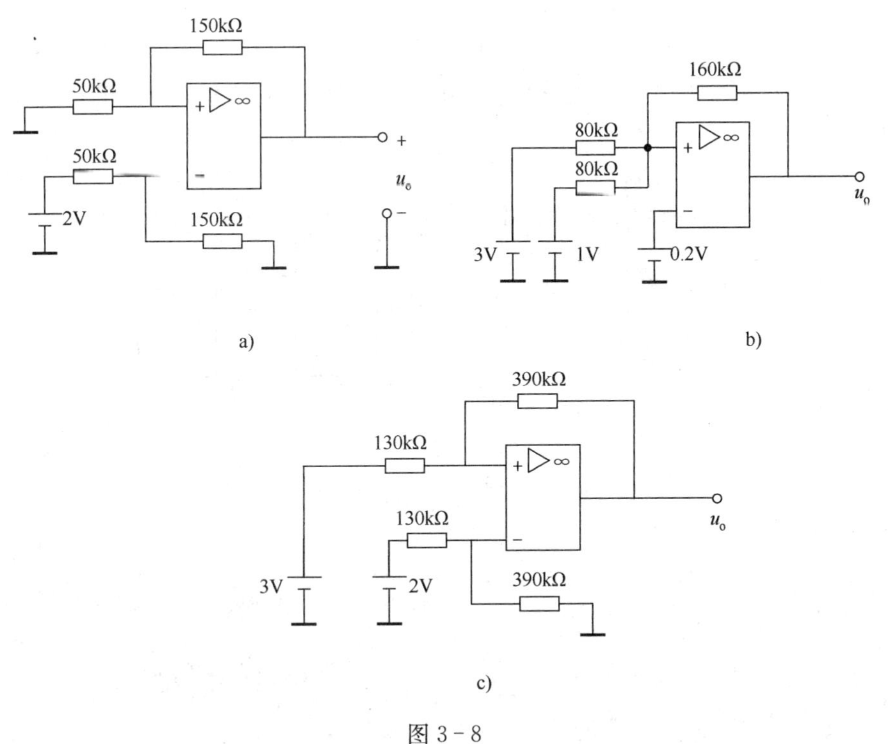

图 3 - 8

8. 如图 3-9 所示放大电路中，试证明：当开关 S 闭合时，$\frac{u_o}{u_i}=-1$；开关 S 断开时，$\frac{u_o}{u_i}=1$。

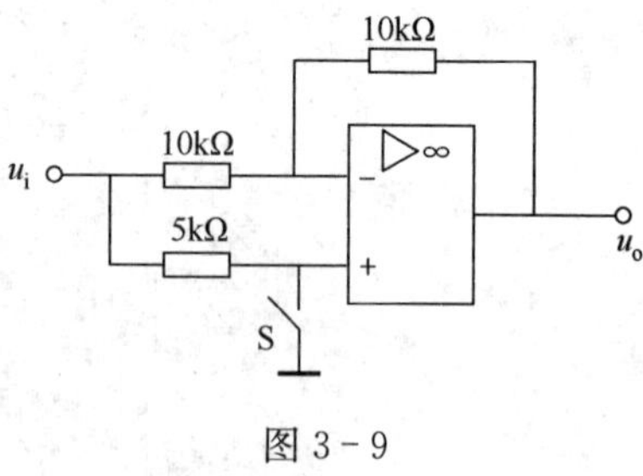

图 3-9

9. 如图 3-10a 所示电路中，已知输入电压 u_i 的波形如图 3-10b 所示，当 $t=0$ 时，$u_o=0$，试画出输出电压 u_o 的波形。

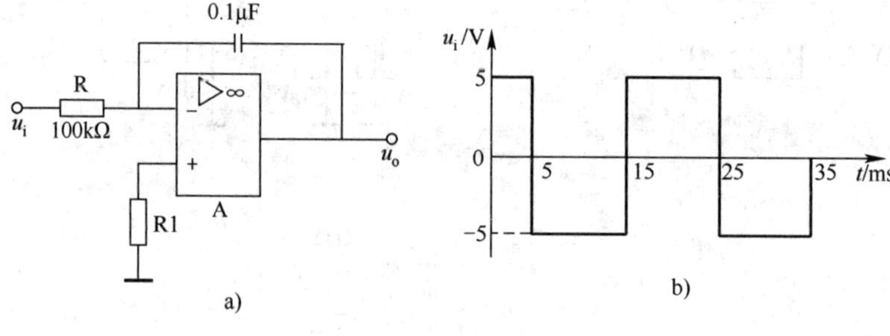

图 3-10

§3-3　有源滤波电路

一、填空题

1. 滤波电路的作用是根据模拟输入信号的频率要求，允许规定频率范围内的输入信号通过，而________规定频率范围之外的信号通过，即将规定频率范围之外的信号滤掉，这就是“滤波”。通常把能通过的信号频率范围称为________，把受阻或衰减的信号频率范围称为_____，二者的界限频率称为__________。

2. 利用 RC 元件可组成最简单的____________。但该滤波电路传输系数小，带负载能力差。如果将 RC 滤波电路接到集成运放的输入端，即可组成____________，其带负载能力将大为提高。

3. 有源滤波电路可分为____________滤波、____________滤波、____________滤波和____________滤波。

4. 如果 $f_{H1}>f_{L2}$，允许 $f_{L2}<f<f_{H1}$ 的信号通过，属于______滤波电路；如果 $f_{H1}<f_{L2}$，阻止 $f_{H1}<f<f_{L2}$ 的信号通过，则属于______滤波电路。

5. 低通滤波电路与高通滤波电路串联可构成____________滤波电路；低通滤波电路与高通滤波电路并联可构成____________滤波电路。

二、判断题

1. 无源滤波电路带载能力较强。（　　）
2. 有源滤波电路是 RC 网络与集成运放相结合的电路。（　　）
3. 低通滤波电路与高通滤波电路串联可构成带阻滤波电路。（　　）
4. 低通滤波电路与高通滤波电路并联可构成带通滤波电路。（　　）

三、选择题

1. 若有用信号频率低于 10 Hz，可选用（　　）滤波器。

A. 低通　　B. 高通
C. 带阻　　D. 带通

2. 若有用信号频率低于 1 000 Hz，可选用（　　）滤波器。

A. 低通　　B. 高通
C. 带阻　　D. 带通

3. 若希望抑制 50 Hz 的交流电源干扰，可选用（　　）滤波器。

A. 低通　　B. 高通
C. 带阻　　D. 带通

4. 图 3－11 所示电路为（　　）滤波器。

A. 低通　　B. 高通
C. 带阻　　D. 带通

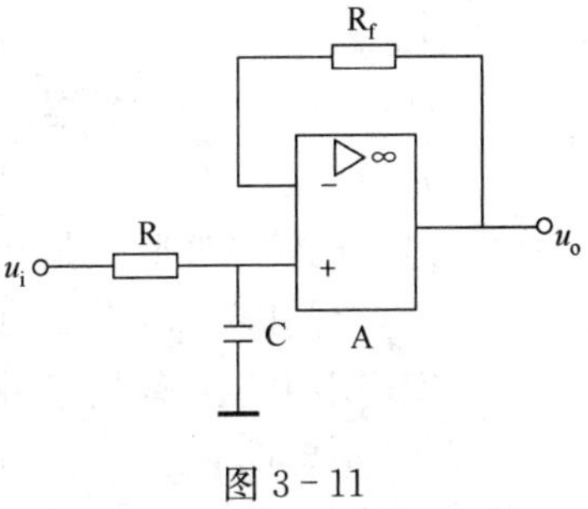

图 3－11

§3-4 集成运放的非线性应用

一、填空题

1. 集成运放工作在非线性区时，电路不再有______特性，但仍具有______特性。

2. 单门限电压比较器中的集成运放工作在__________工作状态，属于__________应用。

3. 迟滞比较器又称__________触发器，是一种双门限电压比较器。

4. 集成运算放大器用于数学运算时，要求运放必须工作在________区；若运放输出电压非常接近其电源电压，此时运放实际上已经工作在__________区。

5. 若要集成运放工作在线性区，则必须在电路中引入深度________反馈；若要集成运放工作在非线性区，则必须在电路中引入__________反馈或者工作在________状态下。

二、判断题

1. 集成运放工作在非线性区时，输出电压只有两种状态，即输出电压等于$+U_{om}$或$-U_{om}$。（　　）

2. “虚短”概念在集成运放的非线性应用中依然成立。（　　）

3. 集成运放电路中有负反馈，说明集成运放工作在非线性区。（　　）

4. 双门限电压比较器中的回差电压与参考电压有关。（　　）

5. 利用电压比较器可将矩形波变换成正弦波。（　　）

6. 只要集成运放引入正反馈，就一定工作在非线性区。（　　）

7. 当集成运放工作在非线性区时，输出电压不是高电平，就是低电平。（　　）

8. 一般情况下，在电压比较器中，集成运放不是工作在开环状态，就是引入了正反馈。（　　）

9. 如果一个迟滞比较器的两个门限电压和一个窗口比较器的电压相同，那么当它们的输入电压相同时，它们的输出电压波形也相同。（　　）

10. 在输入电压从足够低逐渐增大到足够高的过程中，单门限比较器和迟滞比较器的输出电压均只跃变一次。（　　）

11. 单门限电压比较器比迟滞比较器抗干扰能力强，而迟滞比较器比单门限电压比较器灵敏度高。（　　）

三、选择题

1. 若集成运放工作在非线性区，输出电压有（　　）个。

A. 2　　B. 4　　C. 1　　D. 3

2. 在单门限电压比较器中，集成运放工作在（　　）状态。

A. 放大　　B. 开环放大　　C. 闭环放大　　D. 饱和

3. 过零比较器实际上是（　　）电压比较器。

A. 单门限　　B. 双门限　　C. 无门限　　D. 窗口

4. 双门限电压比较器是一个含有（　　）网络的比较器。

A. 正反馈　　B. 负反馈　　C. RC　　D. LC

5. 迟滞比较器（　　）窗口比较器。

A. 是　　　　　　B. 不是　　　　　　C. 属于　　　　　　D. 不属于

6. 各种比较器的输出状态只有（　　）种。

A. 一　　　　　　B. 两　　　　　　C. 三　　　　　　D. 四

7. 工作在开环状态的比较电路，其输出不是正饱和值就是负饱和值，它们的大小取决于（　　）。

A. 运放的开环放大倍数　　　　　　B. 外电路参数

C. 运放的工作电源　　　　　　D. 集成运放的参数

8. 若要在 $u_i<+3$ V 时，u_o为高电平，$u_i>+3$ V 时，u_o为低电平，可采用（　　）。

A. 同相输入单门限电压比较器　　　　　　B. 反相输入单门限电压比较器

C. 反相输入迟滞电压比较器　　　　　　D. 同相输入迟滞电压比较器

9. 窗口比较器有（　　）个门限电压。

A. 一　　　　　　B. 两　　　　　　C. 三　　　　　　D. 四

四、综合题

1. 集成运放工作在线性区或非线性区时各有何特点？一采用集成运放实现的报警器电路，当被监测量转换成的电压值超出正常范围时（过高或过低），报警器就会发出报警声，这一电路中的集成运放是工作在线性区还是非线性区？可能采用了哪种电路？

2. 单门限电压比较器及输入波形如图 3－12 所示，试画出输出电压 u_o的波形。

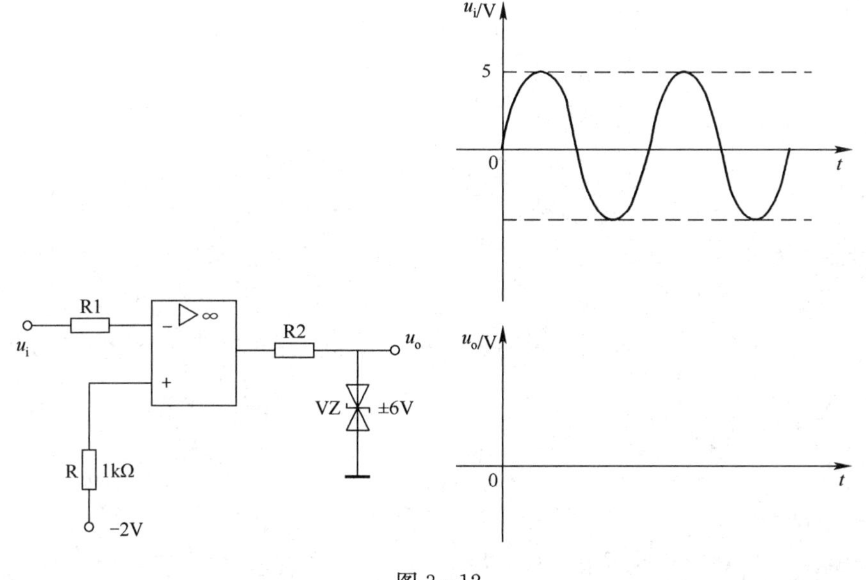

图 3－12

3. 设图 3－13a 所示电路的输入电压 u_i 的波形如图 3－13b 所示，若放大器最大输出电压为±10 V，试画出电路输出电压 u_o 的波形。

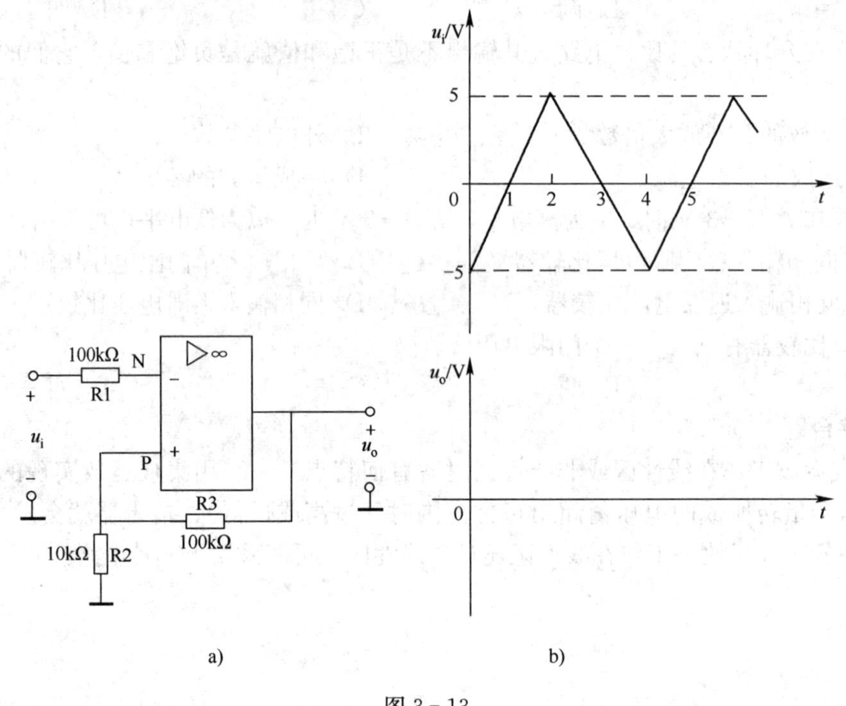

图 3－13

4. 迟滞电压比较器及输入波形如图 3-14 所示，试画出输出电压 u_o的波形。

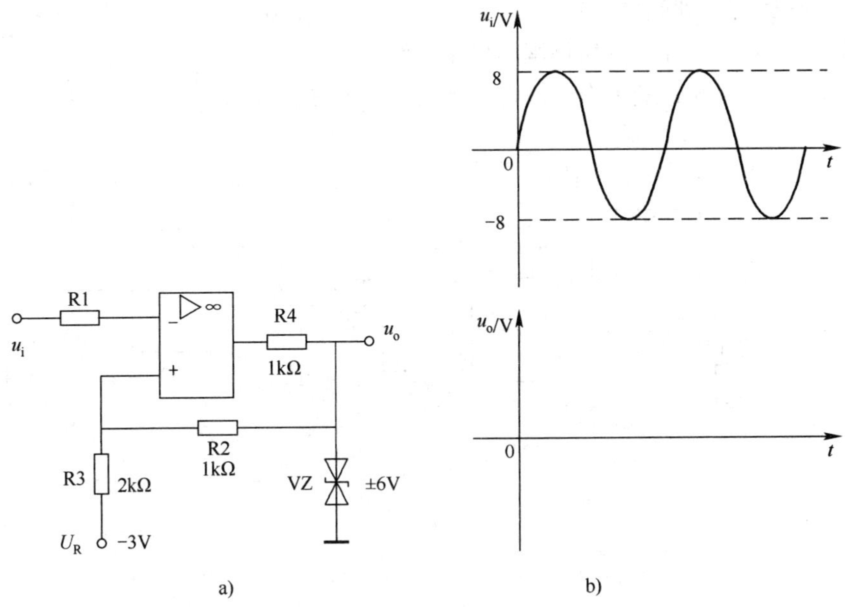

a)

b)

图 3-14

5. 在如图 3－15 所示电路中，A1、A2 和 A3 均为理想运算放大器，其最大输出电压幅度为±12 V，试回答下列问题。

（1）A1、A2 和 A3 各组成何种基本应用电路？

（2）A1、A2 和 A3 分别工作在线性区还是非线性区？

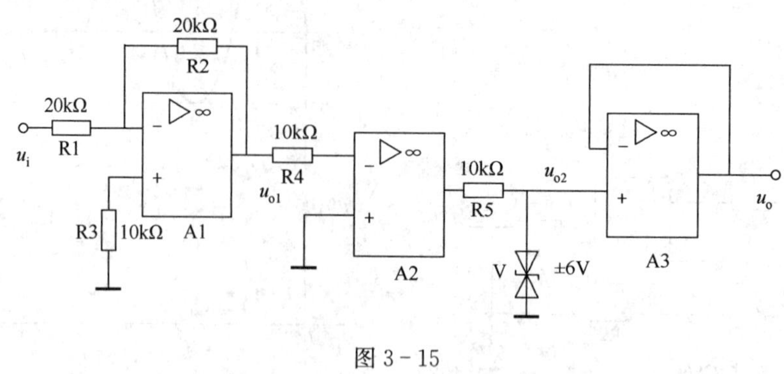

图 3－15

§3－5　使用集成运放应注意的问题

一、填空题

1. 选用集成运放时，应根据________，从集成运放的技术指标、________和价格等方面综合考虑。对一般电路，可选用__________集成运放；对输入电阻要求高的电路，要选用________型集成运放；对工作频带要求高的电路，应选用______集成运放。

2. 集成运放常用保护措施有___________________________、_______________和__________________。

3. 集成运放的质量检测方法有____________、______________和______________等。

4. 利用二极管的__________，在电源连线中串接二极管即可防止由于电源极性接反而造成的损坏。

二、判断题

1. 集成运放的调零都是通过调整调零电位器的阻值来实现的。　（　　）

2. 为防止集成运放电源极性接反，常利用二极管的单向导电性来控制。　（　　）

三、选择题

1. 无调零引出端的集成运放，常采用（　　）调零。

A. 外接调零电位器

B. 在输入端加补偿电压的方法

C. 在输出端加补偿电压的方法

D. 集成电路自身的作用进行

2. 集成运放的输入保护是利用（　　）进行保护。

A. 两个二极管构成的双向限幅电路

B. 二极管的单向导电性

C. 两个对接的稳压二极管

D. 三极管的放大特性

3. 集成运放的输出保护是利用（　　）进行保护。

A. 两个二极管构成的双向限幅电路

B. 二极管的单向导电性

C. 两个对接的稳压二极管

D. 晶闸管的可控特性

四、综合题

1. 如何利用万用表对集成运放进行检测?

2. 如果集成运放在工作中输入电压过大会造成什么影响？如图 3－16 所示电路能否实现输入限幅保护功能？如能，试简述工作原理；如不能，请改正其中错误的地方，并简述工作原理。

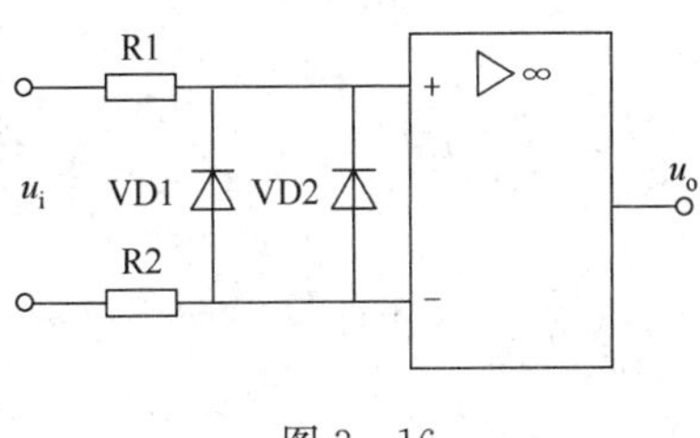

图 3－16

3. 某同学对一集成运放进行质量检测，按如图 3-17 所示电路接线，发现调节滑动变阻器 RP 时，输出电压不变，于是判断该集成运放已损坏，请问他的判断是否正确，为什么？如不正确，应如何改正？

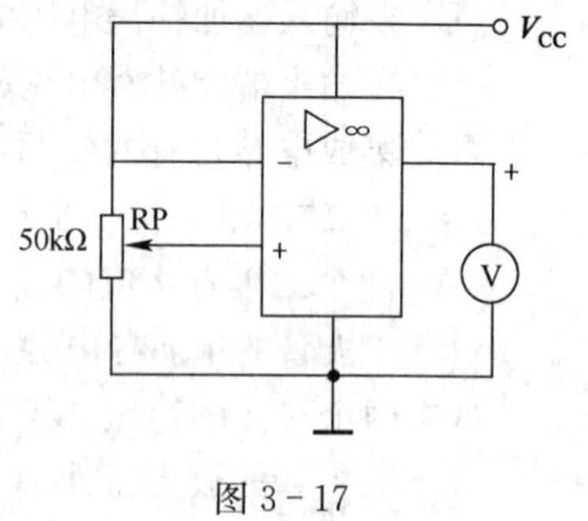

图 3-17

第四章　波形发生电路

§4-1　正弦波振荡电路基本原理

一、填空题

1. 振荡电路应同时满足________条件和________条件才有可能起振。

2. 正弦波振荡电路的基本组成包括________、________、________和________等部分。

3. 振荡电路除满足相位平衡条件之外，起振时还需满足________；振荡电路起振后，当满足________时，输出将维持一定幅度作等幅振荡。

4. RC 串并联选频网络，在 $f=f_o=\frac{1}{2\pi RC}$时，u_f 与 u_o 相位相同，反馈系数 $F=$________，因此，RC 桥式振荡器中的放大器必须满足电压放大倍数 $A=$________，相位差为________，才能满足振荡平衡条件。

二、判断题

1. 只要具有正反馈，就能产生自激振荡。（　　）
2. 振荡电路为了产生一定频率的正弦波，必须要有选频网络。（　　）
3. 从 $AF>1$ 到 $AF=1$ 是自激振荡建立的过程。（　　）
4. 放大器必须同时满足相位平衡条件和振幅平衡条件才能产生自激振荡。（　　）
5. RC 桥式振荡电路采用两级放大电路是为了实现同相放大。（　　）
6. 振荡电路中只要引入了负反馈，就不会产生振荡信号。（　　）
7. RC 桥式振荡电路中只有正反馈网络，无负反馈网络。（　　）

三、选择题

1. 自激振荡是指电路在没有输入信号的情况下，产生了（　　）和（　　）输出波形的现象。

A. 有规律的　　　　B. 随机的
C. 持续存在的　　　D. 瞬间消失的

2. 正弦波振荡电路属于（　　）电路。

A. 负反馈　　　　B. 正反馈
C. 无反馈　　　　D. 放大

3. 为了保证振荡幅值稳定且波形较好，正弦波振荡电路常常需要引入（　　）环节。

A. 屏蔽　　　　B. 延迟
C. 稳幅　　　　D. 微调

4. 振荡电路维持等幅振荡的条件是（　　）。

A. $AF>1$

B. $AF=1$

C. $AF<1$

D. $AF\geqslant 1$

5. 电路形成自激振荡的主要原因是在电路中（　　）。

A. 引入了正反馈

B. 引入了负反馈

C. 存有电感线圈

D. 存有电容元件

6. 要使振荡电路获得单一频率的正弦波，主要是依靠振荡电路中的（　　）。

A. 正反馈环节

B. 稳幅环节

C. 基本放大电路环节

D. 选频网络环节

7. 正弦波振荡电路的振荡频率大小取决于（　　）。

A. 反馈元件的参数

B. 正反馈的强度

C. 三极管的放大系数

D. 选频网络的参数

8. 在 RC 正弦波振荡电路中，一般要加入负反馈支路，目的是（　　）。

A. 提高稳定性，改善输出波形

B. 稳定静态工作点

C. 减小零点漂移

D. 提高输出电压

9. 在 RC 桥式振荡器中，放大电路的电压放大倍数（　　）时才能满足起振条件。

A. 为 1/3

B. 为 3

C. 大于 3

D. 大于 1/3

10. RC 桥式振荡电路是（　　）。

A. 电容反馈式振荡电路

B. 电感反馈式振荡电路

C. RC 振荡电路

D. 石英晶体振荡电路

11. 在 RC 桥式振荡电路中，起振时，正反馈相比负反馈（　　）。

A. 更强

B. 两者相等

C. 更弱

D. 稍弱

12. 在 RC 桥式振荡电路中，正反馈网络是由（　　）构成的。

A. RC 串并联网络

B. 热敏电阻支路

C. RC 串联电路

D. RC 并联电路

13. 在 RC 桥式振荡电路中，引入的负反馈为（　　）。

A. 电压串联负反馈

B. 电压并联负反馈

C. 电流串联负反馈

D. 电流并联负反馈

四、综合题

1. 有一正反馈放大电路，若放大倍数 $A_u=40$，反馈电压与输出电压之比 $F=0.02$，这个电路能否产生自激振荡？为什么？若 $A_u=100$，情况又会如何？

2. 正弦波振荡电路为什么一定要有选频网络？

3. 由两级共射放大电路组成的 RC 桥式振荡电路如图 4－1 所示，试回答下列问题。

（1）若将 VT2 这一级改用射极跟随器，电路能否起振？为什么？

（2）电路中 R_f 若采用负温度系数的热敏电阻，将起到什么作用？

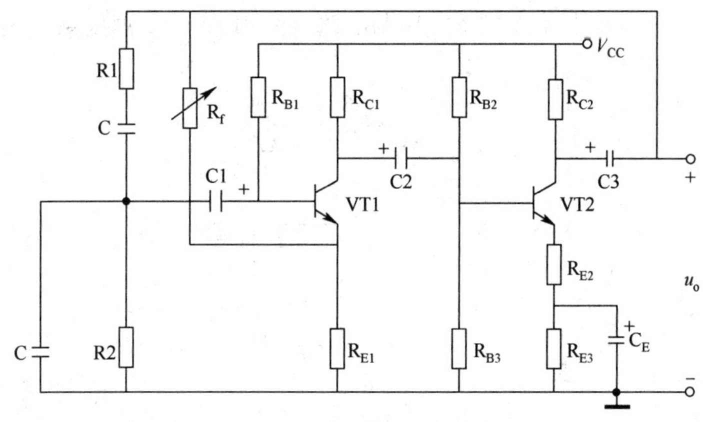

图 4－1

4. 如图 4－2 所示 RC 桥式振荡电路，已知 $C=1\ \mu F$，$1\ k\Omega \leqslant R \leqslant 10\ k\Omega$。

(1) 求振荡频率的调节范围。

(2) R_t 为正温度系数的热敏电阻，试说明电路的起振过程和稳幅过程。

(3) 设 $R_t=300\ \Omega$，求 R_B。

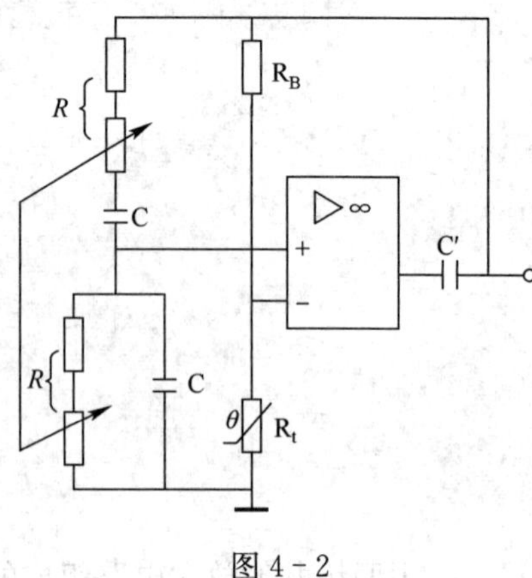

图 4－2

5. 试将如图 4－3 所示电路连成桥式振荡电路（图中 R_t 为负温度系数热敏电阻）。

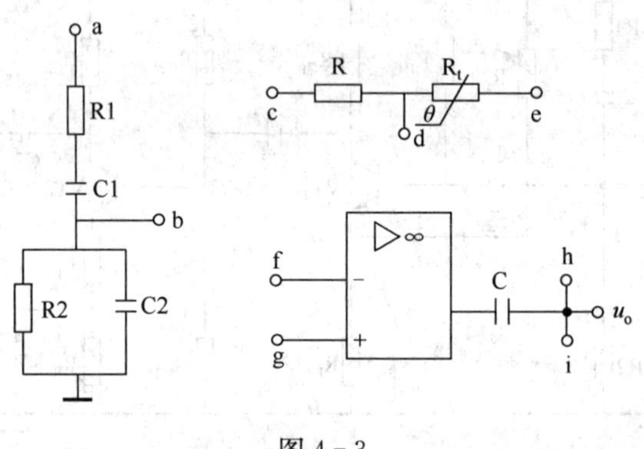

图 4－3

§4-2 LC正弦波振荡电路

一、填空题

1. 选频网络由L和C元件组成的振荡电路称为____________振荡电路。LC正弦波振荡电路有____________式、____________式和____________式等几种形式。

2. 产生低频正弦波一般可用________振荡电路，产生高频正弦波可用________振荡电路。

3. 在变压器反馈式振荡电路中，____________实现了放大作用，____________实现了正反馈作用，____________实现了选频作用，用三极管的____________特性实现稳幅。

4. 在电感三点式LC正弦波振荡电路中，电感线圈三端分别与三极管的____________、________和________相接。

5. 在电容三点式LC正弦波振荡电路中，串联电容的三根引出线分别与三极管的______、______和______相接。

二、判断题

1. 电感三点式LC正弦波振荡电路的输出波形比电容三点式LC正弦波振荡电路输出波形好。（　　）

2. 振荡电路一般分为正反馈振荡电路和负反馈振荡电路。（　　）

3. 振荡的实质是把直流电能转变为交流电能。（　　）

4. 电感三点式振荡电路的振荡频率比电容三点式振荡电路的振荡频率高。（　　）

三、选择题

1. 在LC电感三点式振荡电路中，要求（　　）。

A. L1和L2串联　　B. L1和L2并联

C. L1和L2顺向串联且紧耦合　　D. L1和L2反向串联

2. 电容三点式正弦波振荡电路属于（　　）振荡电路。

A. RC　　B. LC　　C. RL　　D. 石英晶体

3. 不易调整频率的振荡电路是（　　）振荡电路。

A. 变压器反馈式　　B. 电感三点式

C. 电容三点式　　D. RC正弦波

4. 输出波形好的振荡电路是（　　）振荡电路。

A. 变压器反馈式　　B. 电感三点式

C. 电容三点式　　D. RC正弦波

5. 适于产生固定频率信号的振荡电路是（　　）振荡电路。

A. 变压器反馈式　　B. 电感三点式　　C. 电容三点式　　D. 以上均可

6. 对于LC正弦波振荡电路，若已满足相位平衡条件，则反馈系数越（　　），越容易起振。

A. 大　　B. 小　　C. 无法确定　　D. 大小不限

7. 在电感三点式正弦波振荡电路中，若电感的中间抽头交流接地，则首、尾两端的相位（　　）。

A. 相反　　B. 相同　　C. 无法确定　　D. 不限

8. 如图 4－4 所示电路，(　　) 产生正弦波振荡。

A. 可能　　　　B. 不能　　　　C. 无法确定

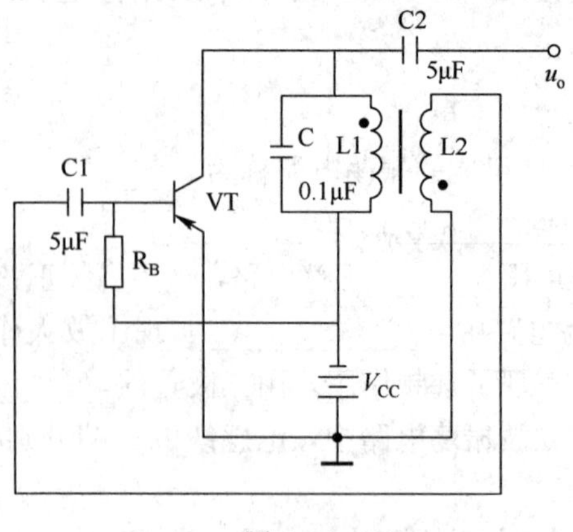

图 4－4

四、综合题

1. 试判断图 4－5 所示各振荡电路能否满足相位平衡条件。

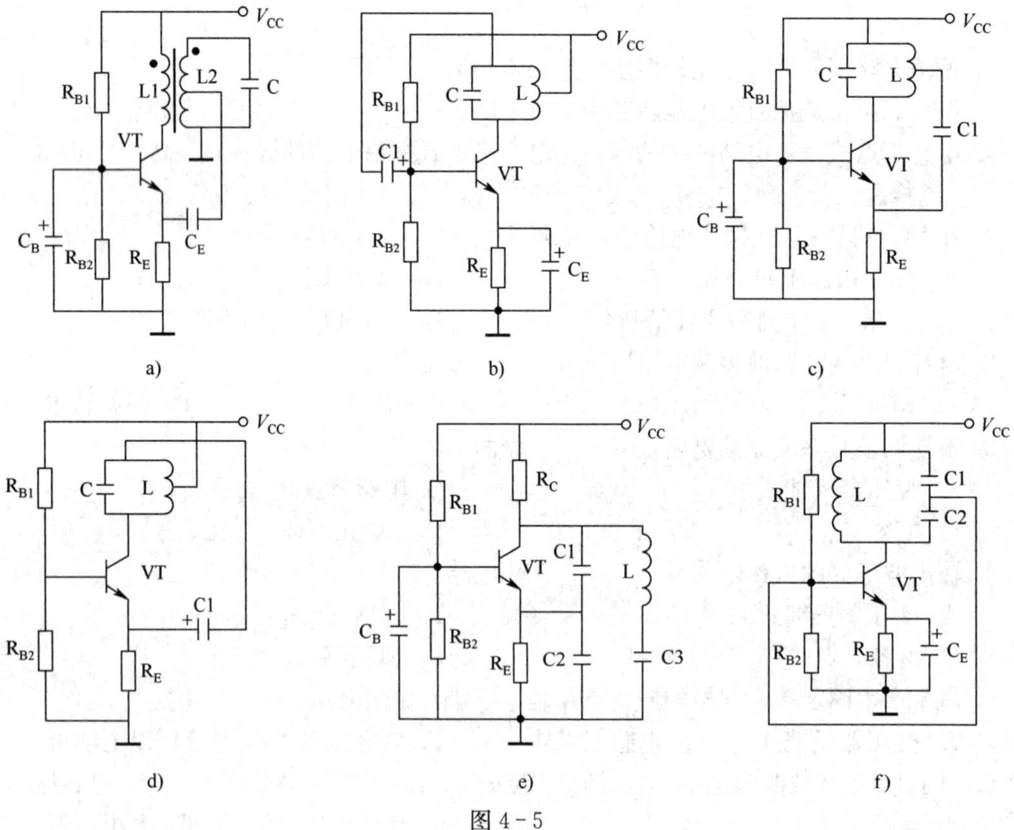

图 4－5

2. 试简要说明图 4－6 所示各电路不会产生自激振荡的原因。

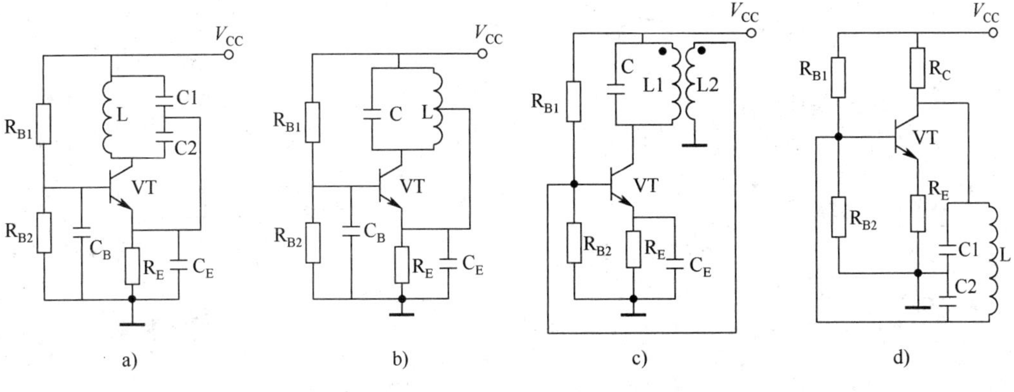

图 4－6

3. 图 4－7 所示为某超外差收音机中的本振电路。

(1) 试说明该振荡电路的类型及各元件作用。

(2) 在图中标出变压器的同名端。

(3) 设 $C_4=20$ pF，试计算该电路振荡频率的调节范围。

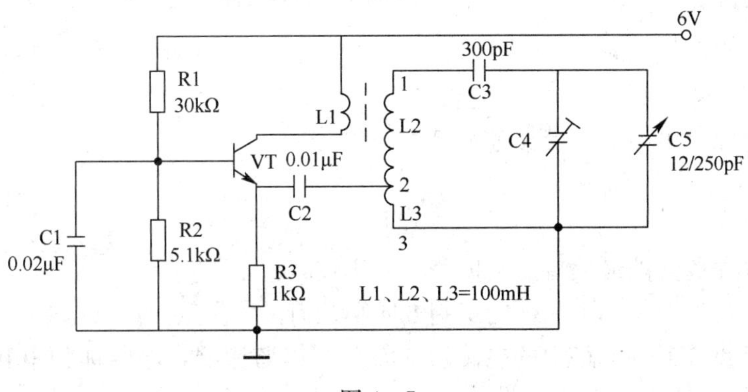

图 4－7

4. 试用相位平衡条件判断图 4－8 所示电路能否振荡？若能振荡，求出其振荡频率。

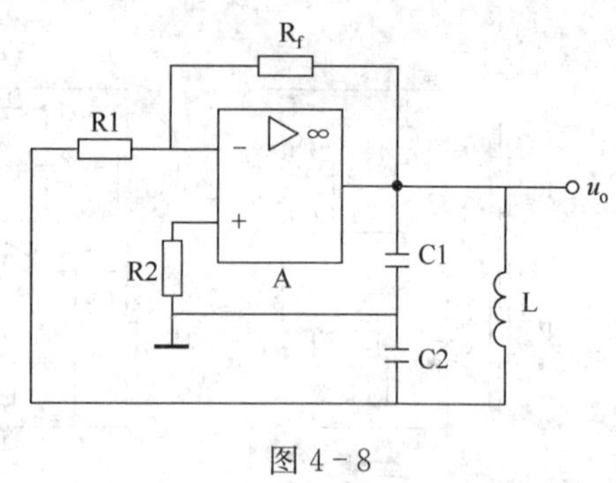

图 4－8

§4－3 石英晶体振荡电路

一、填空题

1. 当要求频率稳定度高于________以上数量级时，需采用石英晶体振荡器。

2. 石英晶体振荡器有两个谐振频率，即____________谐振频率（$f_s=$____________）和__________谐振频率（$f_p=$____________），因为 $C_0\gg C$，所以 f_s 与 f_p 非常____________。

3. 石英晶体振荡器在频率 $f=f_s$ 时，等效电路呈________性；在 $f_s<f<f_p$ 时，等效电路呈________性；在 $f>f_p$ 时，等效电路呈________性。

4. 石英晶体振荡电路根据谐振频率特性，可分为____________型和____________型两种形式。

二、判断题

1. 石英晶体振荡器的最大特点是振荡频率比较高。（　　）

2. 石英晶体的谐振频率由晶体的切割方向和几何尺寸决定。（　　）

3. 把电容三点式振荡电路中的电感换成石英晶体谐振器，电路即为串联型石英晶体振荡电路。（　　）

4. 串联型石英晶体振荡电路的振荡频率等于石英晶体的串联谐振频率。（　　）

5. 串联型石英晶体振荡电路的振荡频率与并联型石英晶体振荡电路的振荡频率是不一样的。（　　）

三、选择题

1. 石英晶体振荡器的最大特点是（　　）。

A. 振荡频率高　　　　B. 输出波形失真

C. 振荡频率稳定度非常高　　　　D. 振荡频率低

2. 对频率稳定度要求较高的振荡电路应采用（　　）。

A. LC 振荡电路　　B. RC 振荡电路

C. RL 振荡电路　　D. 石英晶体振荡电路

3. 串联型石英晶体振荡电路中的石英晶体呈（　　）。

A. 感性　　B. 容性

C. 纯电阻性　　D. 以上都不是

4. 并联型石英晶体振荡电路中的石英晶体呈（　　）。

A. 感性　　B. 容性

C. 纯电阻性　　D. 以上都不是

四、综合题

判断图 4－9 所示电路能否满足振荡条件。

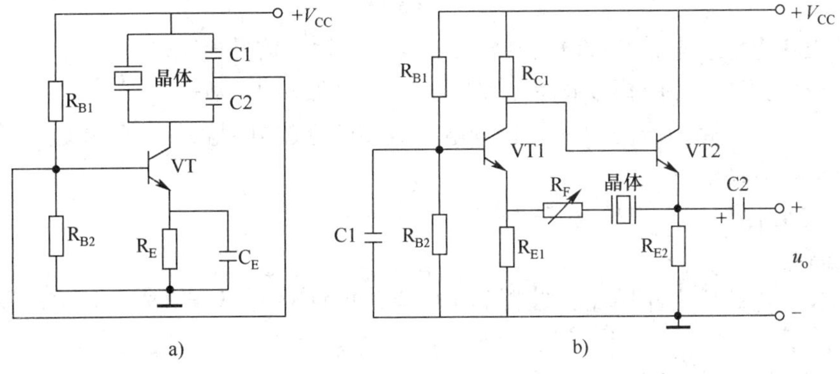

图 4－9

§4-4 非正弦波发生电路

一、填空题

1. 方波发生电路由____________和____________两部分组成。

2. 锯齿波发生电路的组成与三角波发生电路相类似，区别在于________中电容的充放电时间常数________。

二、判断题

1. 非正弦信号发生器的振荡条件与正弦信号发生器一样。 (　　)

2. 非正弦信号发生器只要反馈信号能使比较电路状态发生变化，即能产生周期性的振荡。 (　　)

3. 方波发生电路若电容充放电时间常数相等，则输出信号为矩形波。 (　　)

4. 非正弦波振荡电路的振荡频率主要取决于选频网络的参数。 (　　)

5. 锯齿波发生电路的振荡频率与积分电路或 RC 充放电回路的时间常数有关，另外也与迟滞比较器的参数有关。 (　　)

6. 锯齿波发生器实质上是一种三角波发生器。 (　　)

三、选择题

1. 方波发生电路由迟滞回路比较器和 RC 充放电回路两部分组成，其中双向稳压二极管（　　）作用。

A. 对输出电压起稳幅　　B. 起负反馈

C. 对输入电压起限幅　　D. 起正反馈

2. 三角波发生电路由（　　）组成。

A. 迟滞比较器和 RC 充放电回路

B. 迟滞比较器和积分电路

C. 积分电路和 RC 充放电回路

D. 积分电路和 RC 充电回路

3. 锯齿波发生电路由占空比可调的矩形波发生电路及（　　）组成。

A. 积分电路　　B. 微分电路

C. 积分和微分电路　　D. RC 充放电电路

第五章　直流稳压电源

§5-1　分立元件直流稳压电路

一、填空题

1. 所谓稳压电路，就是当__________或__________发生变化时，能使__________稳定的电路。

2. 当稳压二极管工作在____________区时，反向电流在较大范围内变化，而稳压二极管两端电压__________。

3. 并联型稳压电路由于受稳压管自身参数的限制，其______________较小，输出电压________，因此只适用于________固定且输出电流变化范围不大的场合。

4. ________和________串联的稳压电路叫串联型直流稳压电路，带放大环节的串联型直流稳压电路由____________、____________、____________和____________四部分组成。

二、判断题

1. 稳压就是将脉动的直流电压变为比较平滑的直流电压。（　　）

2. 在并联型稳压电路中，稳压二极管应工作在反向击穿区，并且与负载电阻串联。（　　）

3. 并联型稳压电路负载两端的电压受稳压管稳定电压的限制。（　　）

4. 在并联型稳压电路中，R 越大，电压调节作用越好，所以 R 越大越好。（　　）

5. 串联型稳压电路中的电压调整管相当于一只可变电阻。（　　）

6. 直流稳压电源只能在电网电压变化时使输出电压基本不变，当负载电阻变化时，它不能起稳压作用。（　　）

7. 串联型稳压电路的比较放大环节可采用多级放大器。（　　）

8. 串联型稳压电路的稳压过程，实质上是电压串联负反馈的自动调节过程。（　　）

9. 在串联型稳压电路中，调整管工作在饱和状态。（　　）

三、选择题

1. 稳压管是利用其伏安特性的（　　）特性进行稳压的。

A. 反向　　　　B. 反向击穿

C. 正向起始　　D. 正向导通

2. 有两个 2CW15 型稳压二极管，一个稳压值是 8 V，另一个稳压值是 7.5 V，若把它们用不同的方式组合起来，可组成（　　）种不同的稳压值。

A. 3　　　　B. 2

C. 4　　　　D. 6

3. 稳压管（　　），它一般工作在（　　）状态。

A. 不是二极管　　B. 是特殊的二极管

C. 正向导通　　D. 反向截止

E. 反向击穿

4. 某只硅稳压管的稳定电压 $U_Z=4$ V，其两端施加的电压分别为+5 V（正向偏置）和−5 V（反向偏置）时，稳压管两端的最终电压分别为（　　）。

A. +5 V 和−5 V　　B. −5 V 和+4 V

C. +4 V 和−0.7 V　　D. +0.7 V 和−4 V

5. 在直流稳压电源中，采取稳压措施是为了（　　）。

A. 消除整流电路输出电压的交流分量

B. 将电网提供的交流电转化为直流电

C. 保持输出直流电压不受电网电压波动和负载变化的影响

D. 将直流电转变为交流电

6. 在并联型稳压电路中，稳压管与负载（　　）。

A. 串联　　B. 并联

C. 有时串联，有时并联　　D. 混联

7. 在并联型稳压电路中，R 的作用是（　　）。

A. 既限流又降压　　B. 既降压又调压

C. 既限流又调压　　D. 既调压又调流

8. 在如图 5-1 所示的电路中，能保持 R_L 两端电压稳定的电路是（　　）。

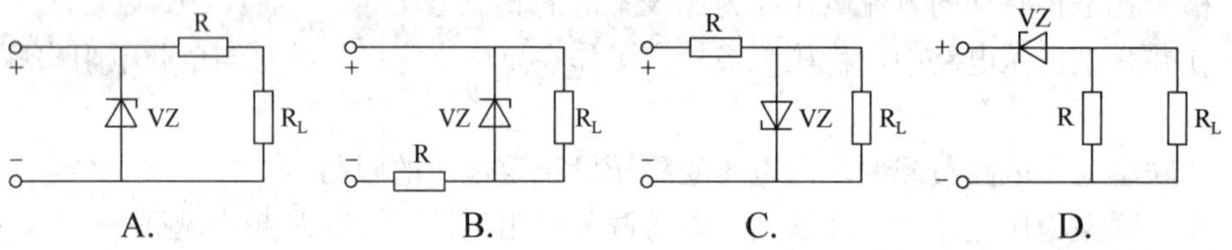

图 5-1

9. 串联型稳压电路适用于（　　）。

A. 输出电流较大（几百毫安至几安）、输出电压可调、稳定性能要求较高的场合

B. 输出电流不大（几毫安至几十毫安）、输出电压固定、稳定性能要求不高的场合

C. 输出电流不大（几百毫安至几安）、输出电压可调、稳定性能要求较高的场合

D. 输出电流较大（几百毫安至几安）、输出电压固定、稳定性能要求不高的场合

10. 串联型稳压电路的调整管工作在（　　）。

A. 截止区　　B. 饱和区　　C. 放大区　　D. 任意区

11. 串联型稳压电路中取样电路的作用是（　　）。

A. 提供一个基本稳定的直流参考电压　　B. 取出输出电压变动量的一部分

C. 自动调整管压降的大小　　D. 取出输入电压变动量的一部分

12. 当负载增加时，稳压电路的作用是（　　）。

A. 使输出电压随负载同步增长，保持输出电流不变

B. 使输出电压几乎不随负载的增加而变化

C. 使输出电压适当降低

D. 使输出电压适当升高

13. 在串联型稳压电路中，若取样电路中可变电阻 RP 向下滑动，输出电压（　　）。

A. 升高　　B. 降低　　C. 不变　　D. 为零

14. 串联型稳压电路实际上是一种（　　）电路。

A. 电压串联负反馈　　B. 电压并联负反馈

C. 电流并联负反馈　　D. 电流串联负反馈

15. 串联型稳压电路中的放大环节放大的对象是（　　）。

A. 基准电压　　B. 取样电压

C. 取样电压与基准电压之差　　D. 基准电压与取样电压之和

16. 若把串联型稳压电路中的放大环节换成运放电路，则运放必须工作在（　　）。

A. 线性区　　B. 非线性区

C. 放大区　　D. 饱和区或截止区

四、综合题

1. 在如图 5 - 2 所示硅稳压管稳压电路中，电阻 R 在电路中起什么作用？若 $R=0$，电路是否还有稳压作用？R 阻值的大小对电路的稳压性能有何影响？若稳压管击穿损坏或断路，对输出电压有什么影响？

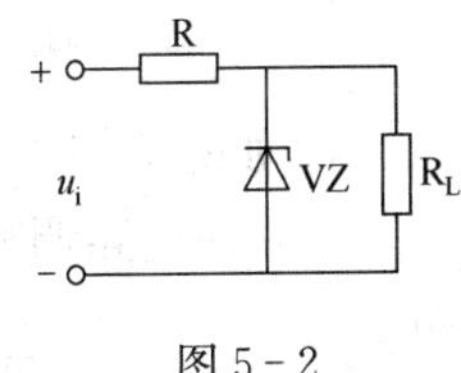

图 5 - 2

2. 某同学设计的稳压电源（要求输出电压极性为下正上负）电路如图 5 - 3 所示，试指出图中的错误并改正。

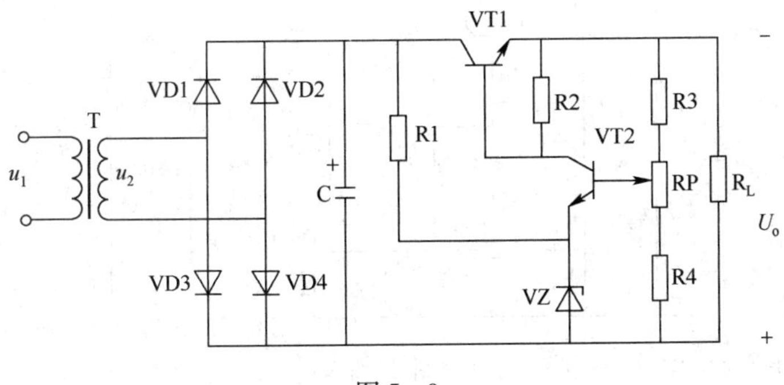

图 5 - 3

3. 如图 5－4 所示直流电源，已知 $U_o = 24$ V，稳压管稳压值 $U_Z = 5.3$ V，三极管的 $U_{BE} = 0.7$ V。

(1) 试估算变压器二次绕组电压的有效值。

(2) 若 $R_3 = R_4 = R_P = 300\ \Omega$，试计算 U_L 的可调范围。

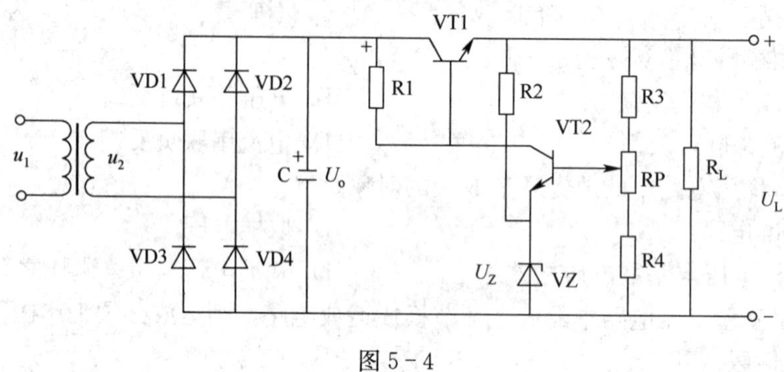

图 5－4

4. 如图 5－5 所示直流稳压电路。

(1) 该电路调整管、基准电压电路、比较放大电路、取样电路等部分各由哪些元件组成?

(2) 标出集成运放的同相输入端和反相输入端。

(3) 如稳压管稳压值 $U_Z = 6$ V，$R_1 = R_2 = R_3$，试求输出直流电压 U_o 的可调范围。

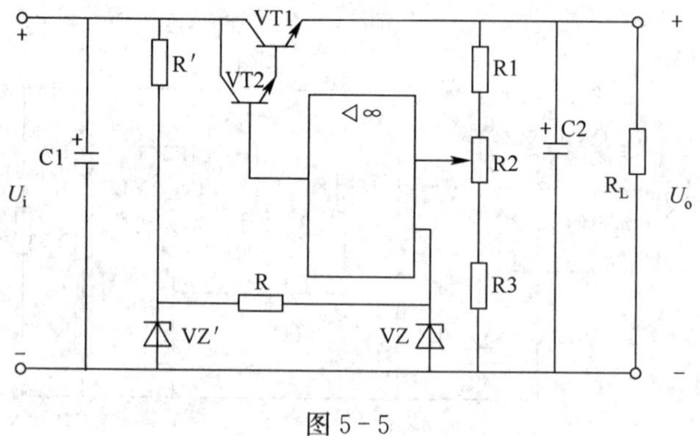

图 5－5

§5-2　集成稳压器

一、填空题

1. 集成稳压器有多种类型，按稳压原理不同，可分为__________调整式、__________调整式和开关调整式；按引出端数目不同，可分为__________集成稳压器和__________集成稳压器。

2. 三端固定输出稳压器的三端是指________、________和________三个引出端。常用的CW78××系列是输出固定________电压的稳压器，CW79××系列是输出固定________电压的稳压器。

3. 三端固定输出稳压器CW7812型号中的C表示________，W表示________，输出电压为________V。

4. 三端可调式稳压器的三端是指________、________和________三个引出端。

二、判断题

1. CW××系列三端集成稳压器中的调整管必须工作在开关状态。（　　）

2. 各种集成稳压器的输出电压均不可以调整。（　　）

3. 利用三端集成稳压器组成的稳压电路，输出电压不能高于稳压器的最高输出电压。（　　）

4. 为获得更大的输出电流，可以把多个三端集成稳压器直接并联使用。（　　）

5. 三端集成稳压器的输出电压有正、负之分。（　　）

6. 由三端集成稳压器组成的稳压电路，输出电流只能小于或等于稳压器的最大输出电流。（　　）

7. 利用三端集成稳压器能够组成同时输出正负电压的稳压电路。（　　）

8. CW78系列和CW79系列的管子输出电压极性不同，外形相似，引出端也一样。（　　）

三、选择题

1. CW7812集成稳压器为（　　）。

A. 三端可调集成稳压器

B. 三端固定式集成稳压器，输出电压为12 V

C. 三端固定式集成稳压器，输出电压为－12 V

D. 三端可调式集成运放，输出电压为＋12 V

2. CW317（　　）。

A. 是三端可调式集成稳压器　　B. 输出电流为0.1 A

C. 输出电流为0.5 A　　D. 为负压输出

3. CW337M是（　　）。

A. 可调负压输出　　B. 可调正压输出

C. 固定负压输出　　D. 固定正压输出

4. 三端集成稳压器 78L××系列输出电流为（　　）A。

A. 1.5　　B. 0.5

C. 0.1　　D. 1.0

5. 如图 5－6 所示三端稳压器电路，该电路是一个扩展输出（　　）的电路。

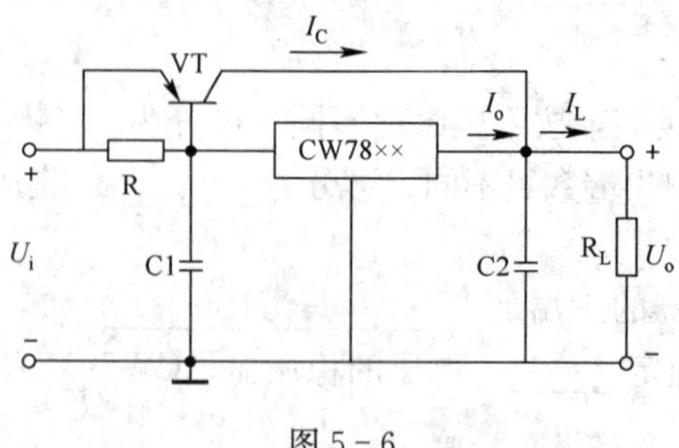

图 5－6

A. 电流　　B. 电压

C. 电阻　　D. 功率

6. 如图 5－7 所示三端稳压器电路，已知 $I_C=5.5$ A，稳压器的输出电流为 1.5 A，则输出电流为（　　）A。

A. 3　　B. 5.5

C. 7　　D. 1.5

7. CW117、CW217、CW317 中的“17”表示的是输出为（　　）。

A. 正电压　　B. 负电压

C. 1.7 V 电压　　D. －1.7 V 电压

四、综合题

1. 如图 5－7 所示电路元器件，试将其连接成输出为 5 V 的直流电源。

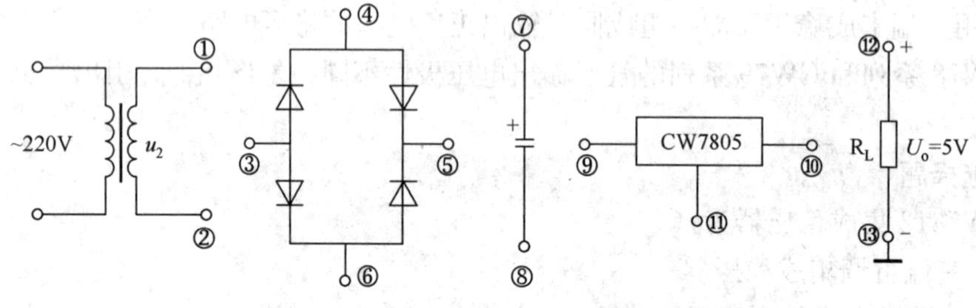

图 5－7

2. 指出图 5－8 所示电路中的错误，并画出改正后的电路图。

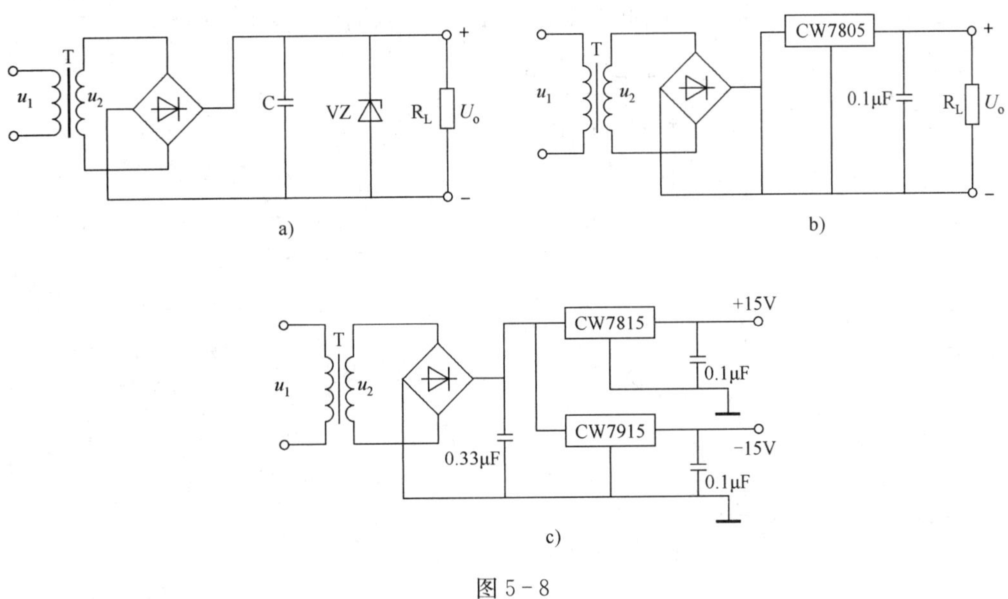

图 5－8

3. 如图 5－9 所示是一个用三端集成稳压器组成的直流稳压电路。已知 $C_1=0.33\ \mu F$，$C_2=0.1\ \mu F$，试说明各元器件的作用，并指出电路在正常工作时的输出电压值。

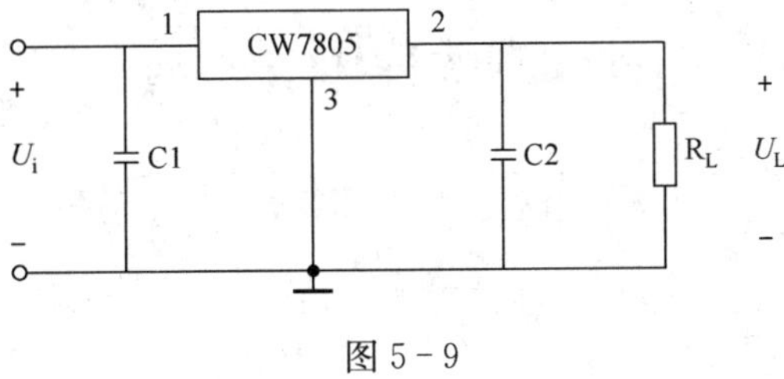

图 5－9

4. 由三端集成稳压器组成的稳压电路如图 5－10 所示，已知 $C_1=0.33\ \mu F$，$C_2=0.1\ \mu F$，$R_1=150\ \Omega$，$R_2=360\ \Omega$，电流 $I_Q=5\ mA$，试求输出电压 U_L 的值。

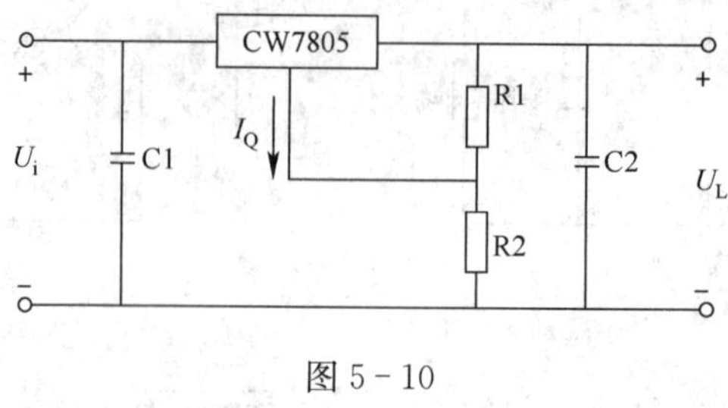

图 5－10

5. 如图 5－11 所示电路，已知 $C_1=220\ \mu F$，$C_2=0.33\ \mu F$，$C_3=0.1\ \mu F$，$R_1=1.5\ k\Omega$，$R_2=1\ k\Omega$，$R_P=0\sim0.5\ k\Omega$，试求输出电压 u_L 的可调范围。

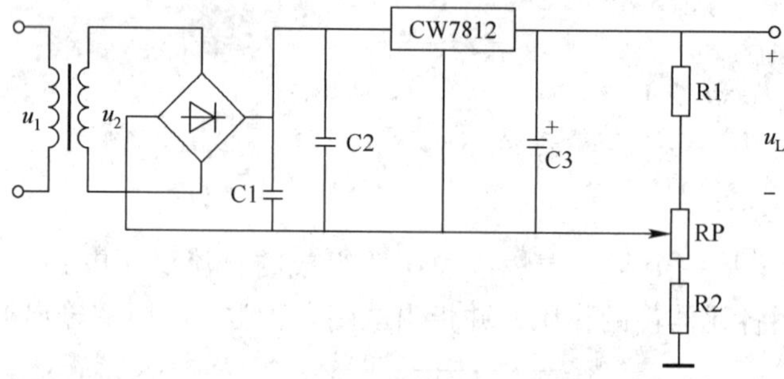

图 5－11

6. 在如图 5－12 所示电路中，已知 $R_1=240\ \Omega$，$R_P=0\sim3\ k\Omega$，输出端与调整端之间固定输出电压 U_R 为 1.25 V。试求输出电压 U_L 的可调节范围。

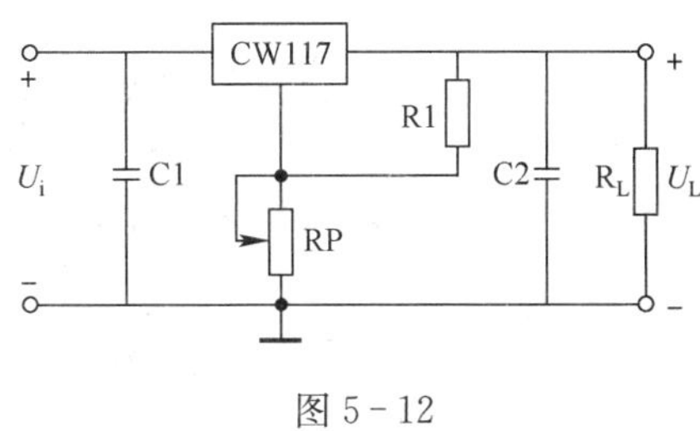

图 5－12

§5－3 开关型稳压电路

一、填空题

1. 串联型稳压电路属于__________电路，调整管始终工作于__________状态，功率损耗__________，效率低。在开关型稳压电路中，调整管工作在__________状态，管耗小，效率高。

2. 串联开关型稳压电路是通过改变调整管的__________来调节脉冲__________，从而实现稳压的，故称为__________稳压电源。

3. 开关型集成稳压器内部由________、________、________、控制和保护电路以及大功率________场效应管等组成。

二、选择题

1. 开关型稳压电路调整管工作在（　　）状态。

A. 截止和放大　　B. 开关　　C. 放大　　D. 饱和

2. 串联开关型稳压电路开关调整管与负载（　　）。

A. 串联　　B. 并联　　C. 混联　　D. 以上均可

3. 开关型稳压电源的稳压控制方式是（　　）。

A. 脉宽调制（PWM）　　B. 脉频调制（PFM）

C. 两种方式均可　　D. 两种方式均不采用

4. 并联开关型稳压电路输出电压总是（　　）输入电压。

A. 大于　　B. 等于　　C. 小于　　D. 不一定

三、综合题

开关稳压电源与带放大环节的串联线性稳压电源的主要区别是什么？两者相比各有什么优缺点？

第六章　电子电路的分析与制作

§6-1　电子电路基本读图方法

一、填空题

1. 单元电路识读方法如下：了解本单元电路的________________及在整机电路中的___________，画出直流等效电路和交流等效电路，分析单元电路___________的特点，以及在传输过程中信号受到了怎样的处理。

2. 在画直流等效电路时，对选频电路、振荡电路中的电感元件，必须____________。在画交流等效电路时，电路中的耦合电容和旁路电容都视为___________，但对选频电路、振荡电路中的电抗元件不必作____________。

3. 综合应用电路图识读方法：一是________________，二是________________，三是____________。

4. 划分功能块时，一般以____________或____________为核心进行划分。

5. 分析工作过程时，首先分析__________的工作原理和主要功能；然后将__________联系起来，分析整个电路从输入到输出的整个工作过程。

二、判断题

1. 画交流等效电路时，电路中所有的电容均可视为短路。（　　）

2. 画直流等效电路时，所有电容均可视为开路，所有电感均可视为短路。（　　）

3. 集成电路是组成电路系统的核心器件，充分了解各集成电路的功能，才能进一步了解电路的整体功能。（　　）

4. 综合应用单元电路时，主要进行定量计算，或画出电路工作波形图，必要时进行定性分析。（　　）

三、综合题

1. 图 6-1 所示为一种压控式防盗报警器。已知 $R_1=810\ \Omega$，$R_2=150\ \text{k}\Omega$，$R_3=680\ \Omega$，$R_4=120\ \Omega$，$C_1=330\ \mu\text{F}$，$C_2=47\ \mu\text{F}$。该芯片内储一种报警语音，可直接驱动蜂鸣器发声或经外接功放管驱动扬声器发声，同时驱动一只 LED 灯闪烁。该电路由哪几部分组成？试分析电路的工作原理。

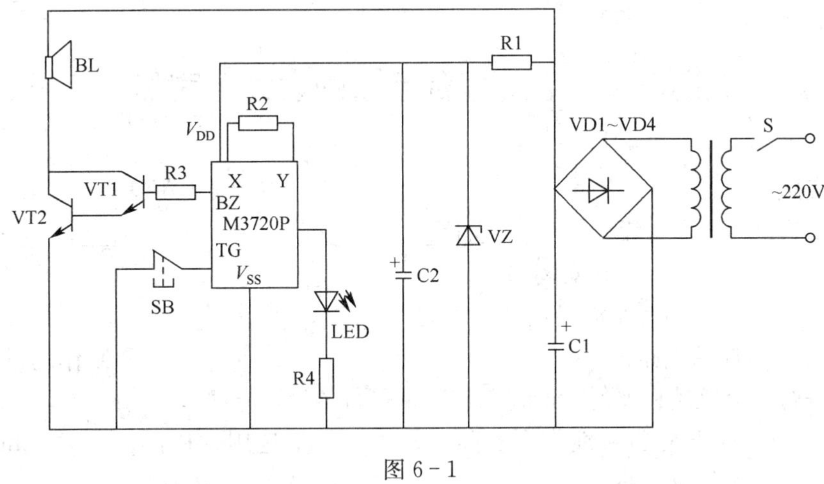

图 6－1

2. 图 6－2 所示为一种超声波治疗仪的原理电路。已知 $R_1=2.2\ \text{k}\Omega$，$R_2=5.1\ \text{k}\Omega$，$C_1=100\ \mu\text{F}$，$C_2=0.33\ \mu\text{F}$，$C_3=0.022\ \mu\text{F}$，$C_4=0.1\ \mu\text{F}$。该治疗仪在使用时，将电极 A 接触有病灶的人体组织，T2 输出的脉冲高压将通过 HL 对人体辉光放电，产生放电电流。人体组织在此高频弱电流的作用下，即可产生微动按摩、适量发热，从而起到消炎、镇痛等效果。该电路由哪几部分组成？试分析电路的工作原理。

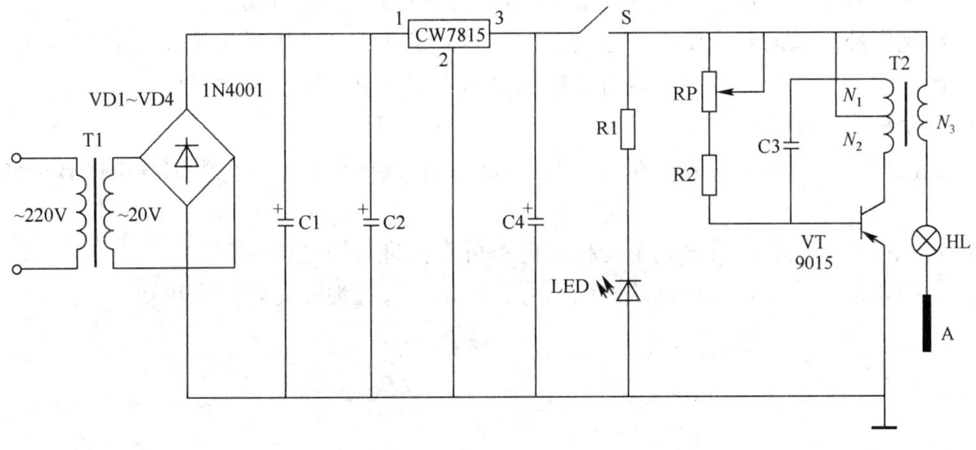

图 6－2

§6-2　电子综合电路的设计与制作

一、填空题

1. 电子综合电路的一般设计流程包括____________、____________、____________、____________、____________和安装调试。

2. 电路设计方案必须完全满足设计要求的__________和__________。

3. 电路设计者应从电路的__________、__________、__________和制作的难易等方面，对设计方案进行综合比较和评价，最终确定一种可行的设计方案。

4. 对选用的设计方案必须细化到实际元器件，尽量选用常用的________和________，优先选用中、大规模集成电路。

5. 绘制总体电路图一般从信号输入端从________向________或从________到________，按信号流向依次绘制出各单元电路。

6. PCB的表面一般有三层，从上到下依次是________层、________层和________层。

7. 安装电路元器件应遵循先小后大、先低后高、先里后外、先易后难、先________元器件后________元器件的基本原则。

8. 电子电路故障检修的一般步骤是：观察________→判断________→查找________→排除________→检查电路功能恢复情况。

9. 故障检查的方法主要有__________、__________、__________、________________、__________和元器件替换法。

二、判断题

1. 对于电容器、三极管等立式插装元件，应保留适当长的引线。（　　）

2. 印制电路板上的导线要有合理的走向，尽量走环形，可相互交叉或跨接。（　　）

3. 高压及高频线应圆滑，不得有尖锐的倒角，拐弯可采用直角。（　　）

4. 数字地和模拟地可共用一个。（　　）

5. 当使用双列直插式集成电路时，与集成电路相连的敷铜线应全部放在电路板的底层。（　　）

6. 直观检查无误后，将固定电源接入电路可直接进行通电调试。（　　）

7. 更换集成电路时，必须确认电路型号、规格一致且性能完好后方可换上。（　　）